日本數學會出版貢獻獎得主

結城 浩 —著

前師範大學數學系教授兼主任
洪萬生—審訂

陳朕疆—譯

數=(女×孩)

秘密筆記 整數篇

数学ガールの秘密ノート　整数で遊ぼう

獻給你

本書將由由梨、蒂蒂、米爾迦與「我」,展開一連串的數學對話。

在閱讀途中,若有抓不到來龍去脈的故事情節,或看不懂的數學算式,請你跳過去繼續閱讀,但是務必詳讀女孩們的對話,不要跳過!

傾聽女孩,即是加入這場數學對話。

登場人物介紹

我

> 高中二年級，本書的敘述者。
>
> 喜歡數學，尤其是數學公式。

由梨

> 國中二年級，「我」的表妹。
>
> 總是綁著栗色馬尾，喜歡邏輯。

蒂蒂

> 本名為蒂德拉，高中一年級，是精力充沛的「元氣少女」。
>
> 留著俏麗短髮，閃亮大眼是她吸引人的特點。

米爾迦

> 高中二年級，是數學資優生、「能言善道的才女」。
>
> 留著一頭烏黑亮麗的秀髮，戴金框眼鏡。

媽媽

> 「我」的媽媽。

瑞谷老師

> 學校圖書室的管理員。

C O N T E N T S

序章

早、午、晚。
早、午、晚。
如此，日日重複著。

春、夏、秋、冬。
春、夏、秋、冬。
如此，年年重複著。

重複造就了系統，系統創造了數字。
今天、明天、未來。
我們在生活中，細數這些重複。

重複展現了節奏，節奏建構了旋律。
今天、明天、未來。
我們在生活中，歌頌這些旋律。

依循規律，把玩數字。

　依循倍數的規律，
　依循進位的規律，
　依循規律的既定步驟，把玩數字。

以不同的排列，把玩數字。

以時鐘的排列，
以卡片的排列，
以惡作劇的塗鴉排列，把玩數字。

從系統到節奏、從規律到排列，
我們把玩著數字。
今天、明天、未來。
從解謎到魔術，甚至是測驗，
有趣的數字怎麼也玩不膩。

來吧，和我們一起，與這些數字嬉戲。

第 1 章

重複加減亦不改變性質

「即使不知道原理，也能用『判別法』吧？」

1.1 我的房間

由梨：「哥哥我出個題目給你唄。」

我：「那個『唄』是怎麼回事？」

由梨：「別管這個啦。聽好喔，一億兩千三百四十五萬六千七百八十九是 3 的倍數嗎，喵？」

> **問題**
> 一億兩千三百四十五萬六千七百八十九是 3 的倍數嗎？

由梨突然以貓語出題。

由梨穿著牛仔褲，綁著栗色馬尾。她是我的表妹，今年國中二年級。我們小時候常一起玩，我已升上高中二年級，她還是叫我「哥哥」。她常來我的房間打發時間，看看書、出小測驗……

我：「嗯……妳是指 123456789 囉？」

由梨：「是啊，你的答案是什麼？」

我：「很簡單啊，123456789 是 3 的倍數。」

由梨：「這樣好無聊，哥哥，不要答得那麼快嘛！」

解答
一億兩千三百四十五萬六千七百八十九是 3 的倍數。

我：「這是很基本的題目呀，想知道一個數『是否為 3 的倍數』，只需計算『各位數字加起來，是不是 3 的倍數』。」

---

3 的倍數判別法
想知道一個數「是否為 3 的倍數」，只需計算「各位數字加起來，是不是 3 的倍數」。

舉例來說，把 123456789 的各位數字相加，可以得到

$$1+2+3+4+5+6+7+8+9=45$$

45 是 3 的倍數，所以 123456789 是 3 的倍數。

由梨：「你早就知道啦！」

我：「由梨啊，妳最近講話是不是變粗魯了？」

由梨：「才沒有！人家可是秀氣的舌粲蓮花！」

我：「妳的說法很怪。」

由梨：「別管這個啦，哥哥，你的心算很快耶。為什麼你能這麼快地把 1 到 9 加起來呢？」

我：「因為我有背。」

$$1+2+3+4+5+6+7+8+9+10=55$$

由梨：「咦？」

我：「我有背『1 加到 10 的總和是 55』。」

由梨：「真像算式狂熱者會說的話。」

我：「我還不算是算式狂熱者啦，因為 1 加到 10 是 55，所以 1 加到 9 是 45，對吧？」

$$1+2+3+4+5+6+7+8+9+10=55$$
$$1+2+3+4+5+6+7+8+9+=45$$

由梨：「沒錯。」

我：「實際計算 1 到 9 的和很簡單，只需把數字湊成『相加為 10 的對子』。」

由梨：「什麼意思？」

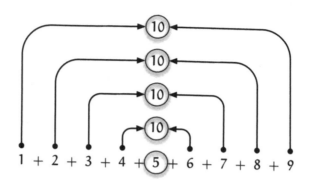

湊成 10 的對子，比較好算

我：「開頭的 1 和最後的 9 湊在一起，會變成 10 吧？另外，『2 和 8』、『3 和 7』、『4 和 6』也能湊成對，把這幾對加起來是 40，最後再加中間沒有湊成對的 5，得到 40＋5＝45。」

由梨：「原來如此。」

我：「但是，為什麼妳突然問 123456789 的問題呢？」

由梨：「因為上課的時候，老師突然提到 3 的倍數判別法。他說把各位數字加起來，如果總和是 3 的倍數，這個數即是 3 的倍數。我覺得很有趣。」

我：「這次換哥哥出個題目給妳唄。」

由梨：「那個『唄』是怎麼回事？」

1.2 是 3 的倍數嗎？

我：「一億三百六十九萬零三百六十九是 3 的倍數嗎？」

問題

一億三百六十九萬零三百六十九是 3 的倍數嗎？

由梨：「我想想……是 103690369 吧！」

我：「是啊。」

由梨：「計算 1 + 0 + 3 + 6 + 9 + 0 + 3 + 6 + 9……嗯，總和是 37，不是 3 的倍數！103690369 不是 3 的倍數！」

解答

一億三百六十九萬零三百六十九不是 3 的倍數。

我：「沒錯，正確答案，但是妳花太多時間囉。」

由梨：「我計算比較慢，真是對不起啊！」

我：「其實不用計算。」

由梨：「又要湊成總和為 10 的對子嗎？」

我：「不，要確認總和是不是 3 的倍數，不需要把是 3 的倍數
　　的數字算進去！」

由梨：「咦？」

我：「沒必要把 $1+0+3+6+9+0+3+6+9$ 所有數字都加起來，
　　0、3、6、9 是 3 的倍數，不用加進去……」

$$1+\underbrace{0+3+6+9+0+3+6+9}_{\text{皆為 3 的倍數}}$$

由梨：「只剩下 1！」

我：「是啊，剩下的 1 不是 3 的倍數，所以 103690369 不是 3
　　的倍數。」

由梨：「為什麼！好過分！」

我：「因為某數加上 3 的倍數，不會影響到這個數『是否為 3
　　的倍數』。」

由梨：「咦……一定不會影響嗎？」

我：「一定不會影響。假設一個數原本是 3 的倍數，這個數再
　　加上 3 的倍數，還是 3 的倍數吧？」

由梨：「沒錯。」

我：「而且，不是 3 的倍數的數字，即使加上 3 的倍數，也不
　　會變成 3 的倍數。」

由梨：「嗯……」

1.3　用數學證明

我：「話說回來，由梨知道這個判別法怎麼證明嗎？」

由梨：「知道什麼？」

我：「『各位數字相加，是不是 3 的倍數』是相當知名的判別法，但為什麼這樣可以判別數字是否為 3 的倍數呢？妳知道原因嗎？」

由梨：「咦……」

由梨玩弄著髮梢，一臉困擾。

我：「『計算各位數字相加是不是 3 的倍數』是 3 的倍數判別法，它的數學證明國中生也辦得到。」

由梨：「證明？」

我：「數學證明指利用題目所給的條件，有條理地敘述某個數學主張。」

由梨：「這樣啊。」

我：「『大概是這樣』或『根據經驗，應該是這樣』無法說服人，必須『有所根據，保證此主張絕對成立』。」

由梨：「喔！有所根據，保證絕對成立？數學證明好像很對由梨的胃口喔！」

我：「妳一定會喜歡。」

因為由梨很喜歡「瞬間瞭解」的感覺。

由梨：「怎麼證明呢？」

我：「我們先把要證明的數字，範圍縮小到 1000 以下吧。」

要證明的事項

設 n 為整數，且 $0 \leq n < 1000$。

（$n = 0 \, \text{、} \, 1 \, \text{、} \, 2 \cdots\cdots 998 \, \text{、} \, 999$）

設 A_n 為 n 的「各位數字總和」，

則以下規則成立：

①若 A_n 是 3 的倍數，

　則 n 是 3 的倍數。

②若 A_n 不是 3 的倍數，

　則 n 不是 3 的倍數。

由梨：「喔……」

我：「妳的反應好冷淡，這就是數學證明喔！」

由梨：「我不懂耶，哥哥，為什麼一定要弄得這麼複雜呢？寫
　　　　一堆 n 和 A_n 的……」

我：「為了精準地敘述問題，必須用 n 和 A_n 這種符號。如果用
　　　『原本的數』或『一開始的數』這種文字去敘述，難以辨
　　　別妳所指的是哪個數。」

由梨：「可以用 123 這種小數字來練習嗎？」

我：「當然可以，以具體的例子練習與思考相當重要。」

由梨：「先加起來吧，1＋2＋3＝6，而 6 是 3 的倍數。接著，把 123 除以 3……呃……嗯，123÷3＝41，剛好整除，所以 123 是 3 的倍數。OK！成功！」

我：「嗯，由梨剛才以具體的數字 123，來確認『要證明的事項』規則①。」

由梨：「是啊。」

我：「**舉例是理解的試金石**，以具體的數字來確認要證明的事項，代表由梨已經明白要證明的事項是什麼。」

由梨：「嘿嘿。」

我：「不過……」

由梨：「嗯？」

我：「接下來，妳必須更上一層樓，證明更一般化的情形。」

由梨：「一般化的情形？」

我：「沒錯，剛才由梨以具體的數字 123，確認①為真，但是我們不可能確認 0 到 999 的所有數字吧？」

由梨：「會嗎？124、567、999 的計算都很簡單吧？」

我：「好吧，是我說得不夠精確。計算 0 到 999 的每個數字，並不是不可能，但會相當費時費力。」

由梨：「對，好麻煩。」

我：「每個數字都驗證會很浪費時間，這種情形在數學上即以符號來表示。」

由梨：「符號？」

我：「沒錯，亦即『以符號進行一般化』，用符號 a、b、c 表示 n，如下所示。」

用符號來表示

設 n 為整數，且 $0 \leq n < 1000$。用 a、b、c 表示 n，如下：

$$n = 100a + 10b + c$$

其中，a、b、c 為 0、1、2、3、4、5、6、7、8、9其中任一數。

由梨：「算式狂熱者出現了！」

我：「這種程度的算式還不算是算式狂熱者。妳能用乘法符號（×），表示 $100a + 10b + c$ 嗎？」

由梨：「可以啊，是這樣吧？」

$$100 \times a + 10 \times b + c$$

我：「沒錯，『加總 100 倍的 a，10 倍的 b，以及 c』。」

由梨：「咦？a 是什麼意思？」

我：「問得好，由梨。在這裡，a 代表百位數，b 代表十位數，
c 代表個位數。」

由梨：「為什麼？」

我：「咦？為什麼啊？」

1.4 自行定義

由梨：「為什麼你知道 a 是百位數呢？」

我：「其實，是哥哥自己決定用 a 代表百位數，b 代表十位數，
c 代表個位數的。**我自己決定的**。為了讓之後的證明更好
算，而**自己定義**。」

由梨：「這種事可以自己隨便決定嗎？」

我：「嗯，可以，隨便妳怎麼定義都行。可見由梨還不習慣用
數學式思考啊。用數學式思考，為了讓推導過程較容易進
行，自行定義符號的意義相當重要。哥哥剛才選了符號
a、b、c，但用其他符號來表示也可以，符號可以自行定
義。」

由梨：「喔……」

我：「回到原本的話題。將 n 表示成……

$$n = 100a + 10b + c$$

亦即，將百位數、十位數、個位數分別以 a、b、c 表示，這是我的定義。以 123 為例，$a=1$，$b=2$，$c=3$。」

- a 為 0、1、2、3、4、5、6、7、8、9 其中任一數
- b 為 0、1、2、3、4、5、6、7、8、9 其中任一數
- c 為 0、1、2、3、4、5、6、7、8、9 其中任一數

由梨：「嗯，我懂了。」

我：「妳可以接受 n 為 $100a + 10b + c$ 的表現方式嗎？」

由梨：「沒問題！」

1.5 用數學式表達數學概念

我：「現在妳習慣 $n = 100a + 10b + c$ 的數學式寫法了吧？這麼做可練習『**用數學式表達數學概念**』。」

由梨：「抱歉，我還是沒辦法馬上……你說什麼？」

我：「用數學式表達數學概念。『數學概念』是以數學的形式去說明『數學的主張或題目』。例如，設 n 為整數，且 $0 \leq n < 1000$。寫數學證明要在腦海中，將某個數學概念轉換成數學式，把自己的想法轉換成數學式。」

由梨：「數學概念啊……」

我：「剛才我想以數學式表示『設 n 為整數，且 $0 \leq n < 1000$』的數學概念，所以將每一位數的數字代換成 a、b、c，寫成 $100a + 10b + c$。」

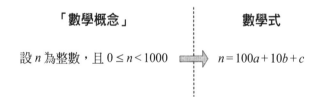

「**數學概念**」　　　　　　**數學式**

設 n 為整數，且 $0 \leq n < 1000$　$\Longrightarrow$　$n = 100a + 10b + c$

由梨：「數學概念啊……聽起來很帥呢，哥哥。」

由梨的栗色頭髮閃耀金色光芒。

我：「話說回來，如果不知道 n、A_n、a、b、c 等符號表示什麼意思，很難理解數學式的意義。但只要循序漸進地理解每個符號的意思，妳會發現數學式其實一點也不可怕。」

由梨：「啊！由梨從來沒有說『數學式很可怕』喔！由梨只是覺得……有點麻煩啦！」

我：「是嗎？」

由梨：「然後呢？接下來該怎麼做？開始證明嗎？」

我：「接著，我們要用數學式表示『n 的各位數字總和』，妳知道怎麼做嗎？」

由梨：「很簡單啊！$A_n = a + b + c$！」

設 A_n 為 n 各位數字總和，則 A_n 可表示為：

$$A_n = a + b + c$$

我：「沒錯！我們剛才將 a、b、c 定義為 n 的各位數字，因此，各位數字相加的總和——A_n，可以用數學式表示為 $A_n = a + b + c$。」

由梨：「數學式這玩意兒真簡單！」

我：「妳怎麼突然說話老氣橫秋啦！」

由梨：「接下來呢？」

我：「我們整理一下思緒吧。」

「設 n 為整數，且 $0 \leq n < 1000$」可以表示為……

$$n = 100a + 10b + c$$

「各位數字總和 A_n」可以表示為……

$$A_n = a + b + c$$

由梨：「嗯！到這裡我都懂，沒問題。」

我：「我們**要證明的事項是**……」

要證明的事項

設 n 為整數，且 $0 \le n < 1000$。

（$n = 0$、1、2……998、999）

設 A_n 為 n 的「各位數字總和」，

則以下規則成立：

① 若 A_n 是 3 的倍數，

　則 n 是 3 的倍數。

② 若 A_n 不是 3 的倍數，

　則 n 不是 3 的倍數。

由梨：「嗯，沒錯。」

1.6　相信數學式的力量，繼續向前

我：「將我們要證明的事項用數學式表示……」

① 若 $a + b + c$ 是 3 的倍數，

　則 $100a + 10b + c$ 是 3 的倍數。

② 若 $a + b + c$ 不是 3 的倍數，

　則 $100a + 10b + c$ 不是 3 的倍數。

由梨：「喔……」

我：「接下來，我們只需盡可能地從 $100a + 10b + c$ 的算式中，提出 3 的倍數。」

由梨：「提出 3 的倍數？」

我：「是啊，按照以下步驟……」

$$100a+10b+c=\boxed{99a+a}+10b+c \qquad \text{把 } 100a \text{ 拆成 } 99a+a$$
$$=\boxed{3\times33a}+a+10b+c \qquad \text{把 } 99a \text{ 拆成 } 3\times33a$$
$$=3\times33a+a+\boxed{9b+b}+c \qquad \text{把 } 10b \text{ 拆成 } 9b+b$$
$$=3\times33a+a+\boxed{3\times3b}+b+c \qquad \text{把 } 9b \text{ 拆成 } 3\times3b$$
$$=\boxed{3\times33a+3\times3b}+a+b+c \qquad \text{改變加法的順序}$$
$$=\boxed{3\times(33a+3b)}+a+b+c \qquad \text{提出 } 3$$
$$100a+10b+c=3\times(33a+3b)+a+b+c \qquad \text{完成}$$

我：「懂了吧！」

由梨：「好麻煩！為什麼要把 $100a$ 拆成 $3\times33a+a$？」

我：「因為我們要盡可能地提出 3 的倍數啊！」

由梨：「所・以・說！到底為什麼要這麼做啊？」

我：「為什麼啊……妳看看最後所得的式子。」

$$100a+10b+c=3\times(33a+3b)+a+b+c$$

由梨：「我看不出個所以然。」

我：「把順序改成這樣，應該比較看得出來吧？」

$$100a+10b+c=a+b+c+3\times(33a+3b)$$

由梨：「我還是不懂。」

我：「妳仔細看 $3\times(33a+3b)$，是 3 的倍數吧？」

由梨：「嗯，沒錯，因為乘了 3！」

我：「觀察等式的右邊，正好是 $a+b+c$ 再加上一個 3 的倍數。」

$$100a+10b+c=a+b+c+\underbrace{3\times(33a+3b)}_{\text{3 的倍數}}$$

由梨：「所以呢？」

我：「某數加上 3 的倍數，並不影響它是否為 3 的倍數。$100a+10b+c$ 可以拆成 $a+b+c$ 加一個 3 的倍數。因此，可能的狀況只有兩種，$100a+10b+c$ 與 $a+b+c$ 都是 3 的倍數，或都不是 3 的倍數。」

由梨：「啊，這是剛才講過的……」

我：「證明完畢，要判斷某數是否為 3 的倍數，只需判斷各位數字總和是否為 3 的倍數。」

證明完畢的事項

設 n 為整數，且 $0 \leq n < 1000$。

（$n = 0$、1、2……998、999）

設 A_n 為 n「各位數字總和」。

則以下規則成立：

① 若 A_n 是 3 的倍數，
　則 n 是 3 的倍數。

② 若 A_n 不是 3 的倍數，
　則 n 不是 3 的倍數。

我：「如此一來，小於 1000 的 3 倍數判別法即證明完成。接著，我們來試試看更**一般化**的證明吧，數學有趣的地方現在才開始喔，聽好——」

由梨：「哥哥，等一下。」

我：「唉呀，怎麼了？」

由梨：「哥哥，剛才你寫的證明我都懂了，不過，我還是不太能接受，總覺得有個地方不太懂。」

我：「妳指的是什麼？」

由梨：「就是剛才說的那個……」

> 某數加上 3 的倍數，
> 並不影響它是否為 3 的倍數。

我：「嗯？」

由梨：「這個地方我無法接受。」

我：「原來如此⋯⋯好，我好好說明這個地方吧！」

由梨：「嗯！」

1.7　考慮餘數

我：「我把由梨覺得無法接受的地方寫出來吧⋯⋯」

> **由梨的疑問**
> 設 n 為 0 以上的整數。（$n = 0$、1、2、3⋯⋯）
>
> ① 若 n 為 3 的倍數，
> 　　則 n 加上另一個 3 的倍數，仍是 3 的倍數。
> ② 若 n 不為 3 的倍數，
> 　　則 n 加上另一個 3 的倍數，仍不是 3 的倍數。

由梨：「嗯，正是如此。我知道這是對的，但我無法『瞬間瞭解』。」

我：「妳想想除以 3 的餘數吧。」

由梨：「餘數？除以 3 的餘數？」

我：「沒錯，就是餘數。n 除以 3，餘數有三種可能吧？亦即 0、1 與 2。」

由梨：「『餘數為 0』是指『沒有餘數』，一般都把這種情況稱為『整除』吧？」

我：「是啊，一般會這麼說。總之，除以 3 會有三種可能。」

由梨：「嗯。」

我：「我們用圖來表示這些可能的狀況吧。」

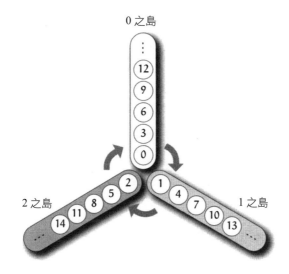

由梨：「這是什麼啊？」

我：「先畫三個『島』，命名為 0 之島、1 之島、2 之島。再將
0、1、2、3……等數字照以下方式，放入這些島。」

- 除以 3，餘數為 0 的數，放在 0 之島
- 除以 3，餘數為 1 的數，放在 1 之島
- 除以 3，餘數為 2 的數，放在 2 之島

由梨：「喔……」

我：「如此一來，0 會被放到 0 之島，1 被放到 1 之島，2 被放
到 2 之島。」

由梨：「嗯。」

我：「3 會被放到哪個島呢？沒有 3 之島喔。」

由梨：「3 會放在 0 之島！因為 3 除以 3 的餘數是 0。」

我：「沒錯，3 會放到 0 之島，而 4 會放到 1 之島，5 會放到 2
之島……」

由梨：「我知道了啦──你不用再說了，就是從 0 之島、1 之
島到 2 之島……將數字依序放入這三個島，形成循環吧？」

我：「沒錯。」

由梨：「只要加上 1，數字就會跑到下一個島。」

我：「沒錯，按照箭頭的方向循環，由圖可知，**一個數加上 3，
會留在原來的島上。**」

由梨：「啊！真的耶！因為加了三次 1，當然會回到原來的
　　　島。」

我　：「這樣想即可『瞬間瞭解』囉。」

由梨：「咦？對耶！『某數加上 3 的倍數』，雖然可能循環了
　　　好幾圈，但還是會回到原來的島。」

我　：「沒錯，加上 3 的倍數代表加好幾次 3。加上 3 的倍數，
　　　數字仍會留在原來的島，所以『不會影響它原本是否為 3
　　　的倍數』。」

由梨：「我完全明白！某數加上 3 的倍數，不會改變某數是否
　　　為 3 之倍數的性質，加上 3 不會改變，加上 6 和 9 也不會
　　　……」

我　：「小於 1000 的數證明完畢。我剛才說要進行更一般化的證
　　　明吧，數學有趣的地方現在才開始喔，聽好囉——」

由梨：「等一下，哥哥。」

我　：「唉呀，又怎麼啦？」

1.8　由梨的發現

由梨：「我對 3 的倍數判別法還有些想法。」

我　：「嗯。」

由梨：「哥哥剛才用 $100a + 10b + c$ 和 $a + b + c$ 來證明 3 的倍數
　　　　判別法，不過我有辦法把證明變得更簡單喔！我靈光一閃
　　　　想到的！」

我：「咦！靈光一閃？」

由梨：「要把各位數字加起來，才能判斷是否為 3 的倍數吧？」

我：「是啊。」

由梨：「0 是 3 的倍數，而且 0 依次加上 1，會形成以下循環：
　　　　倍數→非倍數→非倍數→倍數→非倍數→非倍數→倍數
　　　　……此循環適用於所有的位數。」

我：「咦？我聽不懂。由梨想表達什麼呢？倍數、非倍數、非
　　　倍數……這代表什麼？」

由梨：「0 是 3 的倍數吧？」

我：「是啊。」

由梨：「但 1 不是 3 的倍數。」

我：「嗯。」

由梨：「2 也不是 3 的倍數。」

我：「正是如此。」

由梨：「所以，0、1、2 形成倍數→非倍數→非倍數的規律循
　　　　環。」

我：「啊，妳是指這個啊！連續三個數會出現一個 3 的倍數？」

由梨：「不是這個意思啦！」

連續數字，每三個數會出現一個 3 的倍數

我：「但是，我們現在討論的是『3 的倍數判別法』耶。」

由梨：「所以說！我剛才不是講了嗎？仔細聽啦！每三個數會
出現 3 的倍數！而計算加法的過程中，需進位的 3 之倍數
只有 9，所以 3 的倍數判別法只是個位數加 1 或十位數加 1
的問題，看吧，快速證明完畢。」

我：「什麼？抱歉，由梨，我還是不懂妳在說什麼耶。」

由梨：「咦！為什麼你聽不懂？討厭耶！」

　　由梨罕見地大喊。

　　她眼泛淚光，讓我不知道該怎麼辦。

　　平常都是我耐著性子聽由梨說，搞清楚她想表達什麼，再
替她整理，但這次我真的完全不知道她想表達什麼。

　　由梨想表達的到底是什麼呢？

1.9　由梨的說明

我：「由梨，我會仔細聽妳說，妳能不能慢慢地再說一遍
呢？」

雖然由梨稍微鬧了彆扭，但她還是又說明了一次。

由梨：「……我從 0 開始，照著順序思考。」

我：「嗯。」

由梨：「若 $n=0$，就『會正確』吧？」

我：「『會正確』……什麼東西正確？」

由梨：「煩耶！『n 的各位數字總和 A_n，是 3 的倍數』可判定『n 為 3 的倍數』——而 n 若等於 0，則『會正確』啊！」

我：「啊，原來如此。妳是指……若 $n=0$，則 $A_n=0$，n 與 A_n 都是 3 的倍數。」

由梨：「而且，從 0 開始依序加上去，1、2、3、4、5、6、7、8，到 9 為止，A_n 和 n 每次都是加 1，所以『n 是否為 3 的倍數』和『A_n 是否為 3 的倍數』的答案會一致，因為 $A_n=n$。」

我：「沒錯。」

由梨：「因此，問題只剩下『進位』。我們只需注意進位！」

我：「我大概知道由梨想表達什麼了。」

由梨：「只有『某位數的 9 加上 1』才會進位吧？」

我：「是啊。」

由梨：「若某位數加 1 而進位，9 會變成 0 吧？」

我：「沒錯，位數會從 9 變成 0。」

由梨：「而且下一位數會加 1。」

我：「沒錯，下一位數會由進位得到 1。」

由梨：「也就是說，各位數字總和，會減掉 9 再加 1。」

我：「原來如此，原來是這個意思，沒錯。若 n 加 1 會進位，
則各位數字總和會減掉 9 再加 1。以 $n=129$ 為例，各位數
字相加，總和是 $1+2+9=12$。n 加 1 會變成 130，這時各
位數字總和是 $1+3+0=4$。這個 4 也可以由『12 減 9 再加
1』求得，$12-9+1=4$。」

由梨：「對！」

我：「嗯，寫成數學式……」

$$A_{n+1}=A_n-9+1 \quad \textbf{僅進位一次}$$

由梨：「咦……對耶！而 99 變成 100 的情形，會進好幾次位，
亦即各位數字總和會減掉好幾次 9 再加 1——**減掉 9 的倍
數再加 1**。」

我：「厲害，n 加 1，各位數字總和便會減掉 9 的倍數，再加
1。」

$$A_{n+1} = A_n - 9m + 1 \qquad m \text{ 為進位次數}$$
$$(m = 0 、 1 、 2 \cdots \cdots)$$

由梨：「沒錯！不過，即使減掉 9 的倍數，也不會改變此數是否為 3 之倍數的性質！因為以剛才講的三個島來思考，減掉 9 的倍數只是反方向繞好幾圈，結果還是回到同一座島！」

我：「沒錯！因為 9 的倍數一定是 3 的倍數啊。」

由梨：「所以即使有進位，結果還是和加 1 的情形一樣！」

我：「原來如此，妳這樣想啊，真特別。」

由梨：「所以，n 加 1 是不是 3 的倍數，和 A_n 加 1 是不是 3 的倍數，是同一件事喔！」

　　由梨難掩興奮，訴說著自己的「新發現」，連呼吸都變得急促，而我則仔細思考由梨的發現。

我：「由梨，這個發現很有價值喔。」

由梨：「對吧？」

由梨的發現

若 n 以 0、1、2、3……的順序漸增，

「n 的各位數字總和 A_n，是否為 3 的倍數」，

與「n 本身是否為 3 的倍數」，

永遠會有一致的答案。

由梨：「耶！」

　　由梨的心情變好了。

我：「順帶一提，3 的倍數判別法和 9 的倍數判別法是一樣的。」

由梨：「老師上課有教。」

我：「這樣啊。」

由梨：「對啊，你是指若某數『各位數字總和為 9 的倍數』，此數即是『9 的倍數』吧？」

我：「是啊，根據由梨的發現，進位是指『減掉 9 的倍數再加 1』，由此可知為什麼 3 的倍數和 9 的倍數判別法一樣。」

由梨：「沒錯喵。」

我：「……嗯？」

　　我的心突然被什麼東西敲了一下。
　　同時，從客廳傳來媽媽的聲音。

媽媽：「孩子們，要不要吃仙貝？」

由梨：「好，我們馬上過去！」

我：「……」

由梨：「哥哥快點，去吃仙貝吧！」

　　我被由梨拉著手腕，腦子不斷運轉。

　　「3的倍數判別法」和「9的倍數判別法」相同的原因，能以由梨的發現來推論。3和9都能整除9，所以「3的倍數判別法」和「9的倍數判別法」相同。9是此推論的關鍵，因為我們常用10進位來表示數字。若將此推論一般化，n進位的數會不會出現類似的情形呢？進位等於「減掉 $n-1$ 再加 1」，就是「能整除$n-1$的倍數判別法」吧？

由梨：「哥哥，你在想什麼？」

　　　　「要擴大『判別法』，必須不知道判別法的原理。」

第 1 章的問題

若解不出來，隨時可以參考解答。
但最好從頭到尾靠自己的能力解題。
這樣做，你會學得更多，更有效率。
　　　　　　——高德納（Donald Knuth）

●問題 1-1（判斷是否為 3 的倍數）
請判斷 (a)、(b)、(c) 是否為 3 的倍數。
(a) 123456
(b) 199991
(c) 111111

（解答在第 230 頁）

●問題 1-2（以數學式表示）
設 n 為偶數，且 $0 \leq n < 1000$。若將 n 的百位數、十位數、個位數皆以整數 a、b、c 來表示，則 a、b、c 有可能是哪些數呢？

（解答在第 231 頁）

●問題 1-3（製作表格）

「我」想以下列式子計算 n 的各位數字總和 A_n：

$$A_{316} = 3 + 1 + 6 = 10$$

請為下表的空白處，填入正確答案。

n	0	1	2	3	4	5	6	7	8	9
A_n										

n	10	11	12	13	14	15	16	17	18	19
A_n										

n	20	21	22	23	24	25	26	27	28	29
A_n										

n	30	31	32	33	34	35	36	37	38	39
A_n										

n	40	41	42	43	44	45	46	47	48	49
A_n										

n	50	51	52	53	54	55	56	57	58	59
A_n										

n	60	61	62	63	64	65	66	67	68	69
A_n										

n	70	71	72	73	74	75	76	77	78	79
A_n										

n	80	81	82	83	84	85	86	87	88	89
A_n										

n	90	91	92	93	94	95	96	97	98	99
A_n										

n	100	101	102	103	104	105	106	107	108	109
A_n										

（解答在第 233 頁）

第 2 章

不被選而選出來的數

「你能夠在不做甜甜圈的情況下，做出甜甜圈中間的洞嗎？」

2.1 在圖書室

這裡是學校的圖書室。

已到了放學時間。

我的學妹，元氣少女蒂蒂，正睜大雙眼瞪著一本書。

我：「蒂蒂，妳的臉看起來好像很困惑。」

蒂蒂：「啊，學長！是嗎……我的臉看起來很困惑嗎？真是抱歉。」

我：「不，沒關係，妳不用道歉啦。讓妳困惑的是數學題目嗎？」

蒂蒂：「不是，是這本書介紹的埃拉托斯特尼篩法。」

我：「是找質數的方法吧！」

蒂蒂：「學長果然知道。」

我：「是啊，數學相關書籍談到質數，一定會提到『埃拉托斯特尼篩法』！」

蒂蒂：「原來是這樣……」

我：「不過，我記得沒有很困難啊……」

　　我這麼說著，靠近蒂蒂旁邊的座位。
　　她總是散發著香甜的氣息。

蒂蒂：「這本書沒有說明得很詳細，雖然它介紹了埃拉托斯特尼是位非常聰明的學者，但是卻沒仔細說明埃拉托斯特尼篩法，只有寫『照順序逐步消去倍數，會出現質數』，且附上一張表格……」

我：「讓我看看……的確如此，這樣敘述讀者根本不曉得它想表達什麼啊……其實這個方法一點也不難，我們一起來做做看吧！」

蒂蒂：「好，麻煩學長。」

2.2　質數與合數

我：「埃拉托斯特尼篩法……」

蒂蒂：「學長，抱歉。在你開始說明之前，我可以跟你確認一件事嗎？質數可以用這樣的方式定義嗎？」

質數的定義
設一整數比 1 大，
且除了 1 和它本身，沒有其他因數，此數稱為質數。

我：「嗯，可以。妳舉幾個質數的例子吧？」

蒂蒂：「好，首先是 2，再來是 3，還有 5、7、11，對吧？」

我：「沒錯。」

蒂蒂：「1 和 2 可以整除 2（2 的因數）；3 的因數有 1 和 3；5 的因數有 1 和 5；7 的因數有 1 和 7；11 的因數有 1 和 11 ……」

我：「沒錯，除了 1 和本身，沒有其他因數，這個數就是質數。」

蒂蒂：「是。」

我：「蒂蒂剛才跳過的 4、6、8、9、10……不是質數，而是合數。」

蒂蒂：「合數……為什麼要叫合數呢？」

我：「因為合數『能夠用兩個以上質數的乘積來表示』。把數個質數乘在一起而形成的數，即是以質數合成的數，所以叫合數吧。」

蒂蒂：「喔……」

合數的定義

能夠用兩個以上質數的乘積，來表示的數，稱為**合數**。

我：「把大於 1 的整數，用**質因數分解**的方式，寫成質數的乘
　　積，即可一目了然。」

$2=2$　　　　　　2 是質數

$3=3$　　　　　　3 是質數

$4=2\times2$　　　4 是合數（質數 2 與質數 2 的乘積）

$5=5$　　　　　　5 是質數

$6=2\times3$　　　6 是合數（質數 2 與質數 3 的乘積）

$7=7$　　　　　　7 是質數

$8=2\times2\times2$　8 是合數（質數 2、質數 2 與質數 2 的乘積）

$9=3\times3$　　　9 是合數（質數 3 與質數 3 的乘積）

$10=2\times5$　　10 是合數（質數 2 與質數 5 的乘積）

蒂蒂：「合數能寫成 $4=2\times2$ 或 $6=2\times3$ 這種質數相乘的形
　　　式。」

我：「是啊，而且合數的因數一定有三個以上。」

2 的因數（可整除 2 的數）有 1、2，共 <u>兩個</u>　　　2 是質數

3 的因數有 1、3，共 <u>兩個</u>　　　　　　　　　　3 是質數

4 的因數有 1、2、4，共 三個 　　　　　　　　4 是合數

5 的因數有 1、5，共 <u>兩個</u>　　　　　　　　　　5 是質數

6 的因數有 1、2、3、6，共 四個 　　　　　　6 是合數

7 的因數有 1、7，共 <u>兩個</u>　　　　　　　　　　7 是質數

8 的因數有 1、2、4、8，共 四個 　　　　　　8 是合數

9 的因數有 1、3、9，共 三個 　　　　　　　　9 是合數

10 的因數有 1、2、5、10，共 四個 　　　　　10 是合數

蒂蒂：「咦？1 怎麼辦呢？」

我：「1 既不是質數也不是合數。」

蒂蒂：「是嗎……」

我：「因為 1 沒辦法表示成質數的乘積，所以 1 不是質數。1 稱
　　為**單位數**。」

蒂蒂：「單位數、質數和合數……」

我：「此外，0 不是單位數，不是質數，也不是合數。」

蒂蒂：「好複雜！」

我：「整理一下，會變得很簡單喔。大於 0 的整數（0、1、2、
　　3……）可以清楚分成單位數、質數與合數，既沒有重複，
　　也沒有遺漏。」

大於 0 的整數（0、1、2、3……）分類

零	0										
單位數		1									
質數			2	3		5		7			11	...
合數					4		6		8	9	10	12	...

蒂蒂：「既沒有重複，也沒有遺漏……」

我：「如果從 0、1、2、3 這些數當中，把 0、單位數與合數都
　　消去，妳覺得會剩下什麼數？」

蒂蒂：「我想想……啊，是質數！」

我：「沒錯，剩下的是質數，這就是『埃拉托斯特尼篩法』！
零（0）和單位數（1）可以馬上刪掉，接下來只需把合數
刪掉。藉由刪掉合數來找質數，是『埃拉托斯特尼篩法』
的原理。」

蒂蒂：「藉由刪掉合數來找質數……具體來說，要怎麼做
呢？」

我：「以質數 2 為例，把 4、6、8、10…… 等大於 2 的『2 的
倍數』刪掉。」

蒂蒂：「這樣啊……」

我：「我們實際運用『埃拉托斯特尼篩法』來找質數吧！」

蒂蒂：「好！」

2.3　埃拉托斯特尼篩法

我：「先製作 0 至 99 的整數表格。」

蒂蒂：「好。」

0	1	2	3	4	5	6	7	8	9
10	11	12	13	14	15	16	17	18	19
20	21	22	23	24	25	26	27	28	29
30	31	32	33	34	35	36	37	38	39
40	41	42	43	44	45	46	47	48	49
50	51	52	53	54	55	56	57	58	59
60	61	62	63	64	65	66	67	68	69
70	71	72	73	74	75	76	77	78	79
80	81	82	83	84	85	86	87	88	89
90	91	92	93	94	95	96	97	98	99

0 至 99 的整數

我：「把零（0）和單位數（1）刪掉。」

蒂蒂：「這樣子嗎？」

刪掉 0 和 1

我：「沒錯，如此一來，表中已經沒有小於下一個數（2）的
數，而 2 除了 1 和自己本身（2），沒有其他因數。換句話
說，我們確定 2 是質數，把它圈起來吧。」

蒂蒂：「把 2 圈起來……好，這是質數的記號。」

確認 2 是質數

我：「接下來，把大於 2 的『2 的倍數』依序刪掉。」

蒂蒂：「要刪掉 4、6、8、10、12、14、16、18……每隔一個
　　　數，就刪掉一個數呢。」

依序刪掉大於 2 的「2 的倍數」

我：「是啊，『刪掉 2 的倍數』和『刪掉可以被 2 整除的數』
　　是相同的。」

蒂蒂：「20、22、24、26……」

我：「喂，蒂蒂。」

蒂蒂：「28、30、32……」

我：「蒂蒂。」

蒂蒂：「……是，怎麼了嗎？」

我：「『刪掉 2 的倍數』和『刪掉可以被 2 整除的數』指的其實是同一件事喔！」

蒂蒂：「是啊，沒錯。」

我：「『刪掉可以被 2 整除的數』可視為『刪掉擁有因數 2 的數』。」

蒂蒂：「嗯，我知道。」

我：「把大於 2 的『2 的倍數』刪掉，和把有因數 2 的合數刪掉，是一樣的意思喔。」

蒂蒂：「真的耶……可以等一下再說這個嗎？因為我還沒刪完，我應該把有因數 2 的合數全部刪掉！34、36……98，結束！」

我：「終於刪完了呢……」

蒂蒂：「刪完了，有因數 2 的合數，全部刪光光！」

把大於 2 的「2 的倍數」全刪掉

我：「沒被刪掉的數字中，最小的是 3，所以 3 是下一個質
　　數。」

蒂蒂：「為什麼你可以如此斷定呢？」

我：「若不考慮 1 和 3，只剩下 2 可能是 3 的因數吧？」

蒂蒂：「是啊。」

我：「因為我們剛才把大於 2 的『2 的倍數』都刪掉，所以沒
　　被刪掉的 3 不是 2 的倍數。」

蒂蒂：「沒錯。」

我：「由於 3 不是 2 的倍數，所以 2 也不是 3 的因數，因此，3 除了 1 和 3 自己，沒有其他因數。」

蒂蒂：「原來如此！」

我：「3 除了 1 和自己，沒有其他因數，符合質數的定義，所以 3 是質數。」

蒂蒂：「我懂了，的確是這樣。」

我：「把 3 圈起來吧！」

蒂蒂：「好！確認 3 是質數！」

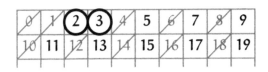

確認 3 是質數

我：「接下來，把比 3 大的『3 的倍數』刪掉吧。6、9、12、15、18⋯⋯」

蒂蒂：「喔⋯⋯原來如此，和剛才一樣吧。咦？6 已經被刪掉了耶。」

我：「因為 6 也是 2 的倍數啊。」

蒂蒂：「沒錯，不過為了保險起見，還是再刪一次吧。」

依序刪掉大於 3 的「3 的倍數」

我：「刪掉 3 的倍數，會碰到一些已經被刪掉的數，那些數其實是 6 的倍數。而這些 6 的倍數是 2 的倍數，也是 3 的倍數。」

蒂蒂：「原來如此！我把大於 3 的『3 的倍數』都刪掉了。」

我：「下一個還沒被刪掉的數是多少呢？」

0	1	2	3	4	5	6	7	8	9
10	11	12	13	14	15	16	17	18	19
20	21	22	23	24	25	26	27	28	29
30	31	32	33	34	35	36	37	38	39
40	41	42	43	44	45	46	47	48	49
50	51	52	53	54	55	56	57	58	59
60	61	62	63	64	65	66	67	68	69
70	71	72	73	74	75	76	77	78	79
80	81	82	83	84	85	86	87	88	89
90	91	92	93	94	95	96	97	98	99

把「2 的倍數」和「3 的倍數」都刪掉

蒂蒂：「是 5！下一個還沒被刪掉的是 5！」

我：「沒錯。」

蒂蒂：「用 2 或 3 都沒辦法把 5 刪掉，所以 5 的因數只有 1 和 5，因為 5 的『因數只有 1 和自己』……所以 5 是質數！」

我：「嗯，沒錯。雖然 4 也有可能是 5 的因數，但 4 是 2 的倍數，剛才已經被刪掉了。如果 4 是 5 的因數，5 即是 4 的倍數，而若 4 被刪掉，5 也會一起被刪掉。因此，可以整除 5 的數，只有 1 和 5。」

蒂蒂：「把 5 圈起來，開始刪它的倍數吧，10、15、20、25……啊！刪掉的數剛好排成一行！」

因為已確認 5 是質數，
所以把大於 5 的「5 的倍數」，依序刪掉

我：「這是因為一列有十個數，而 10 可以被 5 整除。」

蒂蒂：「原來如此……好，我刪掉最後的 95。」

0	1	②	③	4	⑤	6	7	8	9
10	11	12	13	14	15	16	17	18	19
20	21	22	23	24	25	26	27	28	29
30	31	32	33	34	35	36	37	38	39
40	41	42	43	44	45	46	47	48	49
50	51	52	53	54	55	56	57	58	59
60	61	62	63	64	65	66	67	68	69
70	71	72	73	74	75	76	77	78	79
80	81	82	83	84	85	86	87	88	89
90	91	92	93	94	95	96	97	98	99

把「5 的倍數」全刪掉

我：「下一個質數是……」

蒂蒂：「是 7！接下來，把 7 的倍數一個個刪掉吧！」

		②	③		⑤		⑦		
	11		13				17		19
			23						29
	31						37		
	41		43				47		
			53						59
	61						67		
	71		73						79
			83						89
							97		

把「7 的倍數」全刪掉

我：「再下一個是 11 喔。」

蒂蒂：「好有趣，2、3、5、7、11 都是質數耶！咦？學長？」

我：「怎麼啦？」

蒂蒂：「11 的倍數 22、33、44、55、66、77、88、99 都已被刪掉！太巧了！」

把「11 的倍數」全刪掉

2.4　巧合？

我：「不，蒂蒂，這不是巧合，這是因為 $11^2 > 99$。」

$$11^2 = 11 \times 11 = 121 > 99$$

蒂蒂：「咦？什麼意思……」

我：「大於 11 的『11 的倍數』，包括 11×2、11×3、11×4
……」

蒂蒂：「是。」

我：「11×2 是 2 的倍數，11×3 是 3 的倍數，11×4 是 4 的倍數。」

蒂蒂：「啊……」

我：「因為 11 的倍數都可以寫成 $11 \times n$ 的形式，所以它們是 11 的倍數，也是 n 的倍數。剛才蒂蒂已經把 2 的倍數、3 的倍數、5 的倍數、7 的倍數全刪掉，並把 11 圈起來，換句話說，小於 11 的數不是『被圈起來』，就是『被刪掉』。」

蒂蒂：「沒錯。」

我：「所以，如果有某個比 11 大的『11 的倍數』，而且『還沒被刪掉』，這個數可寫成 $11 \times n$，且 n 一定大於 11，因為小於 11 的數，已經全部處理完畢。」

蒂蒂：「我懂了！」

我：「不過，若 $n > 11$，則 $11 \times n > 11 \times 11 = 121$，已經超出這張表的範圍，所以這張表中，大於 11 的『11 的倍數』已經被全部刪掉。」

蒂蒂：「……咦？這麼說來，證明結束了嗎？」

我：「結束囉。因此，圈完 11『還留著的數』都是質數！」

蒂蒂：「我全部圈起來囉！」

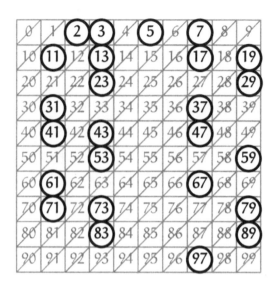

小於 11 的數處理完畢，剩下的都是質數

我：「蒂蒂，利用『埃拉托斯特尼篩法』找質數的過程，到此
為止！圈起來的數是小於 99 的所有質數！」

蒂蒂：「原來如此！」

我：「我們整理一下『埃拉托斯特尼篩法』的重點吧！」

埃拉托斯特尼篩法（找質數的方法）
按照以下步驟，刪掉零、單位數與合數，即可圈出小於自然
數 N 的所有質數。

步驟 1. 將 0 到 N 的所有整數，依序排入表，刪掉 0 和 1。
（即刪掉零與單位數）

步驟 2. 若還有數字沒被刪掉，則在這些數字中，圈選最小
的 p。
若沒有其他剩下的數字，則到此結束。
（圈選出來的 p 即為質數）

步驟 3. 刪掉所有大於質數 p 的「p 的倍數」，
回到**步驟 2**。
（被刪掉的數為合數，且有因數 p）

蒂蒂：「好有趣。刪掉 2 的倍數，刪掉 3 的倍數……」

我：「是啊。」

蒂蒂：「再刪掉 5 的倍數……啊！」

我：「怎麼了？」

蒂蒂：「這的確是『篩選』耶！學長！等我一下！」

我：「嗯？」

　　蒂蒂翻開她的《秘密筆記》，開始畫一些大圖案。她一向
很認真且全心投入學習，看似單純的問題她也不會輕易放過，
積極地尋求解答。終於，她眨了眨圓滾滾的雙眼，抬起頭。

蒂蒂：「學長！這就是『埃拉托斯特尼篩法』吧！」

我：「喔！」

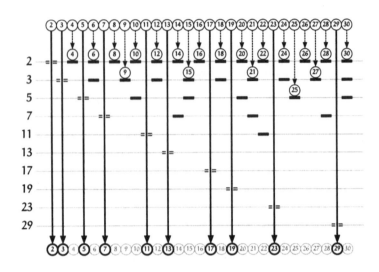

埃拉托斯特尼篩法

蒂蒂：「我一直不瞭解，為什麼『埃拉托斯特尼篩法』要稱作『篩法』。但由上圖可知，這方法的確是『篩選』！這個方法用好幾個數字『篩選』，慢慢把質數從一堆數字中篩出來！」

我：「沒錯，蒂蒂，這張圖很有意思！」

蒂蒂：「刪掉 2 的倍數，猶如 2 的倍數被『篩網』擋住。」

我：「沒錯。」

蒂蒂：「數字被『篩網』擋住，就沒辦法成為質數。2 的倍數

都被『篩網』擋住，只剩奇數，而 3 倍數的『篩網』，則把奇數的『3 的倍數』都擋下來。」

我：「這種表達方式很生動，9、15、21、27 的確都被擋下來。」

蒂蒂：「每個質數，都是一層『篩網』。」

我：「沒錯，妳好厲害。」

蒂蒂：「學長剛才教我的事情，也包含在這張圖中。」

我：「嗯？」

蒂蒂：「我是指『因為 $11 \times 11 > 99$，所以剩下的數都是質數』。因為這張圖只有列到 30，所以只能以 $7 \times 7 = 49 > 30$ 為例。『7 的篩網』沒有擋到任何數字，7 的倍數都已被其他數擋住！」

我：「蒂蒂，妳理解得很快耶！」

蒂蒂：「咦？謝謝學長的稱讚……」

蒂蒂紅著臉，低下頭。

我：「這張圖真是有意思！」

蒂蒂：「那個……剛才學長說的『刪掉零、單位數與合數，即可圈出小於自然數 N 的所有質數』這句話，我終於懂了。『埃拉托斯特尼篩法』像『篩網』，把合數擋下來，求質數——咦？」

我：「怎麼了？」

蒂蒂：「我突然想到一個問題。」

我：「什麼問題？」

蒂蒂：「『埃拉托斯特尼篩法』把合數刪掉，以求質數，但我
們不能用比較**直接**的方式來求質數嗎？」

我：「直接？」

蒂蒂：「是啊，有沒有直接把質數一個個挑出來的方法呢？」

我：「蒂蒂的問題相當值得思考，嗯……抱歉，我不知道
耶。」

米爾迦：「你們在做什麼？」

2.5　米爾迦

蒂蒂：「啊，米爾迦學姊！學姊來得正是時候！」

　　米爾迦留著黑色長髮，是個能言善道的才女，相當擅長數
學，像個領導者，帶領我們探索數學的世界。她推了推金框眼
鏡，看向我們的質數表。

米爾迦：「是『埃拉托斯特尼篩法』啊。」

蒂蒂：「是的！……原來大家都知道這方法呢。」

米爾迦：「為什麼你們要把數字排成這個樣子呢？」

米爾迦指向我們的質數表。

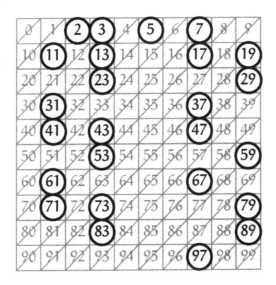

質數表

我：「很奇怪嗎？米爾迦。」

米爾迦：「我只是想聽你的理由……為什麼要這樣排列數字呢？」

我：「為什麼啊……沒有特別的理由耶。」

米爾迦：「蒂蒂，妳會怎麼排列 0 以上的整數呢？」

蒂蒂：「我想想……我會排成一列。」

把數字排成一列

米爾迦：「這樣排也不錯。」

蒂蒂：「不過，這樣排必須準備非常大的筆記本。」

　　蒂蒂的雙手往兩邊大幅拉開。

我：「0 以上的整數有無限多個，不管筆記本多大都不夠用，
　　還是必須在某處換行吧。」

米爾迦：「但不一定要十個數一列。」

蒂蒂：「啊！排成兩個數一列會怎樣呢？」

把數字排成兩個一列

米爾迦：「嗯？」

蒂蒂：「啊！我發現一件事！除了 2，所有質數都集中在右邊
　　　那一行！」

我：「這是理所當然的，因為除了 2，所有質數都是奇數。」

蒂蒂：「我本來以為利用適當的換行方式，可以『**挑出質數**』
　　　……」

米爾迦：「我們來挑挑看吧。」

蒂蒂：「什麼？」

米爾迦：「我們挑出質數吧。」

我：「咦？」

2.6　挑出質數吧

米爾迦把筆記本拿到自己面前。

我和蒂蒂待在她的兩側，看著她寫下的文字。

米爾迦：「首先，把零（0）和單位數（1）排在一起。」

蒂蒂：「跟剛才一樣，兩個數排成一列嗎？」

米爾迦：「不太一樣，我的數字要往上排列。」

蒂蒂：「往上嗎？」

我：「要往上排列，不是應該把 2 寫在 0 的上面嗎？」

米爾迦：「如果我把 2 寫在 0 的上面，畫出來的表會變得和蒂蒂的表一樣吧？」

我：「呃，沒錯。」

蒂蒂：「接下來該怎麼做呢？」

米爾迦：「把 3 寫在左邊。」

蒂蒂：「原來如此，寫下一個吧！4 要往上寫吧！」

米爾迦：「不。」

蒂蒂：「咦？」

米爾迦：「4 要寫在左邊。」

蒂蒂：「格子凸出來了。」

我：「下一個數字，5 應該往上寫吧？」

米爾迦：「不，5 要往下寫。」

我：「咦？」

蒂蒂：「再下一個，6 是往左嗎⋯⋯」

米爾迦：「不，6 往下。」

蒂蒂：「右、上、左、左、下、下？→↑←←↓↓？」

我：「啊！我知道！這是在繞圈吧，米爾迦？」

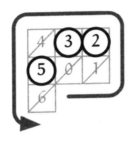

米爾迦：「BINGO！」

　　米爾迦彈了彈手指，還向我眨眼。

蒂蒂：「這樣啊……」

我：「所以 7、8、9 都是往右邊寫？」

米爾迦：「正是如此。」

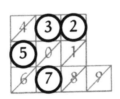

蒂蒂：「接下來，10、11、12 都是往上寫嗎？」

米爾迦：「沒錯。」

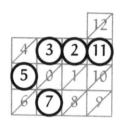

我：「米爾迦，這樣繞圈寫數字，會發生什麼『有趣的事』嗎？」

米爾迦抬起頭，注視我。

米爾迦：「你要自己發現有趣的事呢？還是我來告訴你？」

我：「好啦，說的也是，繼續寫吧！」

蒂蒂：「下一個，嗯……16 之前的數字都是往左邊寫。」

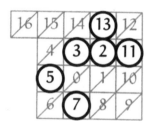

我：「20 之前的數字都是往下寫吧！」

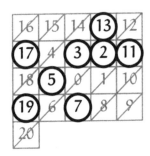

蒂蒂：「接下來，25之前的數字都是往右，哇！」

　　蒂蒂舉起右手，興奮地大力揮舞。

我：「怎麼了？」

米爾迦：「妳發現了嗎？」

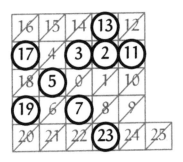

發現什麼？

2.7　發現什麼？

蒂蒂：「我發現質數排成 X 的形狀！」

米爾迦：「喔……」

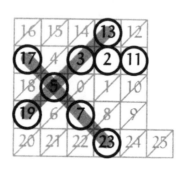

質數排成 X 的形狀

我：「因為除了 2，所有質數都是奇數，所以才會如此交錯嗎
——不，沒這麼簡單吧！」

米爾迦：「我們排到 30 吧！」

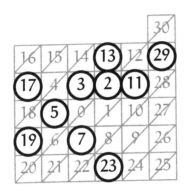

蒂蒂：「快看！31 也是質數，排在 X 的隊伍上！」

我：「真的，好像質數本來就在那裡待命一樣……」

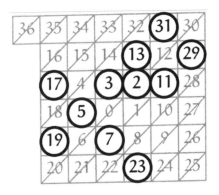

蒂蒂：「與其說是排成 X，不如說是排成**斜線**。19、5、3、
13、31 的斜線，以及 17、5、7、23 的斜線！」

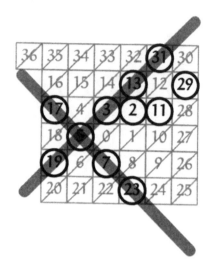

質數排成斜線

我：「唔……」

米爾迦：「接下來，一口氣寫到 81 吧！」

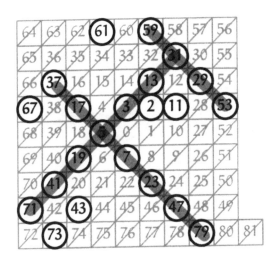

寫到 81

蒂蒂：「啊，57 和 65 不是質數，好可惜！這兩個數為什麼不
　　　是質數！」

我：「的確，好可惜。」

米爾迦：「先寫到 99 為止吧。」

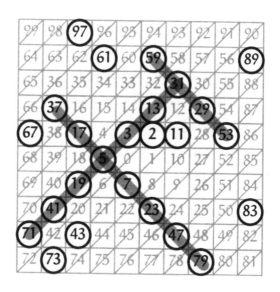

多個質數排成斜線

蒂蒂：「繞圈排列，竟然能挑出排成斜線的質數！」

米爾迦：「沒錯，把大於 0 的整數排成『螺旋狀』，能觀察到
　　　多個質數排成斜線的樣子，好玩吧？」

米爾迦推了推金框眼鏡。

蒂蒂：「不可思議……剛才雖然利用『埃拉托斯特尼篩法』列
　　　出質數表，但仍然『看不出質數的規律』。這次是同樣的
　　　質數表，只是換換排列方式，卻能『看見質數的規律』
　　　……」

2.8 烏拉姆螺旋

米爾迦:「把大於 0 的整數排成『螺旋狀』,稱為『烏拉姆螺
旋』。」

蒂蒂:「還有名字啊!」

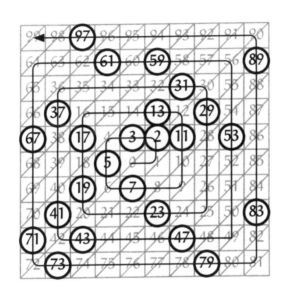

烏拉姆螺旋

米爾迦:「烏拉姆(Ulam)是一位數學家的名字。1963 年,烏
拉姆抱著好玩的心態,把數字排成螺旋狀,無意間發現質
數的排列模式。」

蒂蒂:「烏拉姆先生一定嚇一大跳……」

我：「我沒聽過這件事呢……」

蒂蒂：「我想知道繼續寫下去會變怎樣，轉啊轉的……持續下去會得到什麼圖形呢？」

米爾迦：「會得到下圖。」

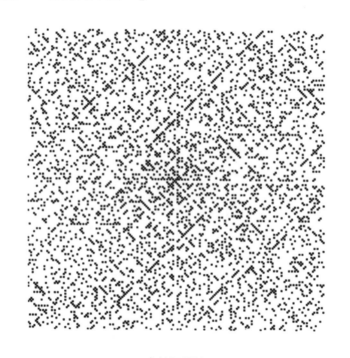

烏拉姆螺旋

蒂蒂：「哇！看起來有點複雜，質數排成好多條斜線！到處都有斜線……而且還不只有斜線呢。」

我：「厲害！」

蒂蒂：「圖像真是厲害，即使不知道原因，也能看出『某種規
律』！」

2.9 歐拉大師

我：「等一下，能看出規律，是否代表能寫出算式呢？」

米爾迦：「你發現啦，其實有數學式能產生許多質數，例如，
歐拉大師 1772 年提出的二次式 $n^2 - n + 41$，能夠產生相當
多的質數。勒讓德也提出了類似的算式，稱為歐拉的二次
式。」

$$P(n) = n^2 + n + 41$$

蒂蒂：「這個算式可以產生質數？」

米爾迦：「這個算式並不能產生所有質數，不過將 $n = 0$、1、
2、3…… 代入，得到的結果大部分都是質數喔，蒂蒂。」

蒂蒂：「我想試試看！嗯，先代入 0，$P(0) = 0^2 + 0 + 41$ ……得
到 41，的確是質數！」

我：「$P(1) = 1^2 + 1 + 41 = 43$。嗯，43 是質數。」

蒂蒂：「我們多試幾個吧！」

$$P(n) = n^2 + n + 41\text{列表}$$

n	$P(n)$		n	$P(n)$		n	$P(n)$		n	$P(n)$	
0	41	質數	25	691	質數	50	2591	質數	75	5741	質數
1	43	質數	26	743	質數	51	2693	質數	76	5893	合數
2	47	質數	27	797	質數	52	2797	質數	77	6047	質數
3	53	質數	28	853	質數	53	2903	質數	78	6203	質數
4	61	質數	29	911	質數	54	3011	質數	79	6361	質數
5	71	質數	30	971	質數	55	3121	質數	80	6521	質數
6	83	質數	31	1033	質數	56	3233	合數	81	6683	合數
7	97	質數	32	1097	質數	57	3347	質數	82	6847	合數
8	113	質數	33	1163	質數	58	3463	質數	83	7013	質數
9	131	質數	34	1231	質數	59	3581	質數	84	7181	合數
10	151	質數	35	1301	質數	60	3701	質數	85	7351	質數
11	173	質數	36	1373	質數	61	3823	質數	86	7523	質數
12	197	質數	37	1447	質數	62	3947	質數	87	7697	合數
13	223	質數	38	1523	質數	63	4073	質數	88	7873	質數
14	251	質數	39	1601	質數	64	4201	質數	89	8051	合數
15	281	質數	40	1681	合數	65	4331	合數	90	8231	質數
16	313	質數	41	1763	合數	66	4463	質數	91	8413	合數
17	347	質數	42	1847	質數	67	4597	質數	92	8597	質數
18	383	質數	43	1933	質數	68	4733	質數	93	8783	質數
19	421	質數	44	2021	合數	69	4871	質數	94	8971	質數
20	461	質數	45	2111	質數	70	5011	質數	95	9161	質數
21	503	質數	46	2203	質數	71	5153	質數	96	9353	合數
22	547	質數	47	2297	質數	72	5297	質數	97	9547	質數
23	593	質數	48	2393	質數	73	5443	質數	98	9743	質數
24	641	質數	49	2491	合數	74	5591	質數	99	9941	質數

蒂蒂：「哇……有好多質數！」

米爾迦：「把 $P(n) = n^2 + n + 41$ 所產生的質數與『烏拉姆螺旋』
重疊，會得到下面這張圖。」

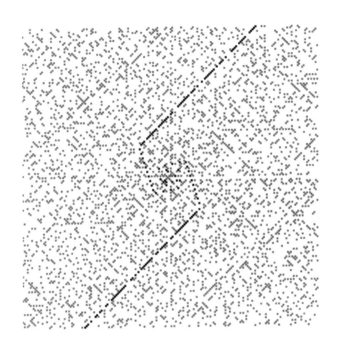

將烏拉姆螺旋與 $P(n) = n^2 + n + 41$ 所產生的質數重疊

我：「這些點代表 $P(n)$ 所產生的質數吧，可以看到斜線呢
……」

蒂蒂：「這麼短的算式居然可以產生這麼多質數……」

我：「$P(n) = n^2 + n + 41$ 可以產生這麼多質數，應該不是巧合
吧？」

米爾迦：「這背後有整數論的根據，但不容易證明。」

我：「……」

米爾迦：「有比較簡單的解釋方式，以大於 0 的整數代入 n，$P(n) = n^2 + n + 41$ 所得的數值將無法被 2、3、5、7 等數整除。」

我：「咦？」

米爾迦：「這個證明呢……」
瑞谷老師：「下課時間到！」

　　時間一到，管理圖書室的瑞谷老師立刻宣布下課。我們的數學對話到此告一段落，接下來……是我們個人的思考時間。

　　參考文獻：David Wells, *Prime numbers*（O'Reilly Japan）

「你能夠不做甜甜圈中間的洞，
而做出甜甜圈嗎？」

第 2 章的問題

●問題 2-1（質數）

請從下列選項中，選出正確的數學敘述。

(a) 91 是質數。

(b) 兩個質數的和為偶數。

(c) 大於 2 的整數若非合數，必為質數。

(d) 質數恰有兩個因數。

(e) 合數有三個以上的因數。

（解答在第 235 頁）

●問題 2-2（埃拉托斯特尼篩法）

請利用埃拉托斯特尼篩法，求出小於 200 的所有質數。

（解答在第 236 頁）

●問題 2-3（改良埃拉托斯特尼篩法）

第 51 頁所描述的埃拉托斯特尼篩法步驟,並沒有利用「若 $p^2 > N$,則剩下的數全是質數」的概念。現在,請你利用這個概念,改良埃拉托斯特尼篩法的步驟。

（解答在第 238 頁）

●問題 2-4（二次式 n^2+n+41）

請證明若 n 為大於 0 的整數,二次式 $P(n)=n^2+n+41$ 之值必為奇數。

（解答在第 239 頁）

第 3 章

猜數字魔術與 31 之謎

「不管是哪個數字，只要你給我線索，我都可以猜中。」

3.1 我的房間

由梨：「嘿！哥哥，眼睛閉起來！」

我：「幹什麼？」

由梨：「漂亮的女孩對你說『眼睛閉起來』，你要馬上閉眼睛啦！」

我：「哪裡有漂亮的女孩……好啦，我閉。」

3.2 猜數字魔術

由梨：「鏘鏘！你的眼睛可以睜開囉！」

16 17 18 19	8 9 10 11	4 5 6 7	2 3 6 7	1 3 5 7
20 21 22 23	12 13 14 15	12 13 14 15	10 11 14 15	9 11 13 15
24 25 26 27	24 25 26 27	20 21 22 23	18 19 22 23	17 19 21 23
28 29 30 31	28 29 30 31	28 29 30 31	26 27 30 31	25 27 29 31

我：「這是什麼卡片？」

由梨：「我們即將展開由梨的『猜數字魔術』！」

我：「專業魔術師不會在表演前，透露自己要表演什麼魔術喔。」

由梨：「不重要啦！別管那些，你好好聽由梨說話！」

我：「知道了、知道了，但是剛才妳不需要叫我把眼睛閉起來吧？」

由梨：「這是我的表演方式啦，表演方式！」

我：「無所謂，總之，由梨要猜數字吧？」

由梨：「對。」

猜數字魔術

我來猜猜看，你喜歡的日子是哪一天吧！

請你先想自己喜歡的日子是幾月幾日。

- 喜歡 2 月 14 日 → 14
- 喜歡 3 月 16 日 → 16
- 喜歡 12 月 24 日 → 24

接著，把下列 5 張卡片中，「有那個數字的卡片」都翻到正面。「沒有那個數字的卡片」則翻到背面，蓋起來。

16 17 18 19 20 21 22 23 24 25 26 27 28 29 30 31	8 9 10 11 12 13 14 15 24 25 26 27 28 29 30 31	4 5 6 7 12 13 14 15 20 21 22 23 28 29 30 31	2 3 6 7 10 11 14 15 18 19 22 23 26 27 30 31	1 3 5 7 9 11 13 15 17 19 21 23 25 27 29 31

我：「抱歉，打擾一下，其實這個魔術……」

由梨：「你想說『我知道這個魔術的原理』嗎？」

我：「是啊，我知道這個魔術的原理。」

由梨：「唉唷！你應該假裝不知道，露出驚訝的表情啊，真沒禮貌。你就是這樣，總是不懂女人心！」

我：「好，我知道了，我裝作不知道吧。」

3.3　由梨的表演

由梨：「你想好數字了嗎？不可以跟由梨說喔。」

我：「我想好了，範圍是 1 至 31 吧？」

由梨：「沒錯，接下來請你把有那個數字的卡片都翻到正面，
其他的卡片翻到背面。」

我：「好，是這張和這張。」

是哪個數呢？

由梨：「呵呵，這位男士，您的數字是 12 吧？」

我：「是啊。」

由梨：「你很不會看氣氛耶！這種情況，你應該要說『哇，由
梨好厲害！妳怎麼知道！』表現出驚訝的樣子啊。」

我：「哇由梨好厲害妳怎麼知道……」

由梨：「我討厭你……」

我：「哈哈哈……能不能讓我也表演一次呢？這次換由梨想一
個數字吧！」

由梨：「咦？哥哥也會這個魔術嗎？」

我：「我知道原理啊！」

3.4 我的表演

由梨：「好了，哥哥，我想好數字了。」

我：「接下來，請妳把有那個數字的卡片，都翻到正面，其他的卡片翻到背面。」

由梨：「我想想……這張和這張，還有這張喵。」

是哪個數呢？

我：「呵呵，由梨的數字是 21 吧？」

由梨：「沒錯。」

我：「妳很不會看氣氛耶！」

由梨：「不要學我講話啦！」

3.5　方法和原因

我：「這個猜數字魔術的『猜數字方法』相當簡單。」

由梨：「嗯！只需把翻到正面的卡片，左上角的數字全加起來！」

猜數字方法

將卡片左上角的數字全加起來，即是出題者所選的數字。

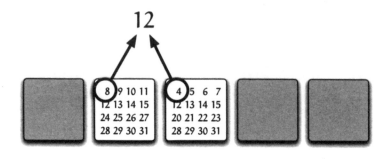

假設出題者選擇 12

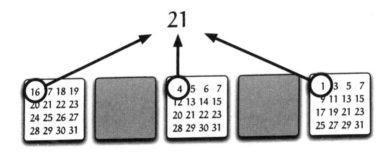

假設出題者選擇 21

我：「只要有這些卡片，即可掌握『猜數字方法』，任何人都
　　能表演這個魔術。」

由梨：「你的說法很破壞興致。」

我：「對了，由梨，妳知道『猜出數字的原因』嗎？」

由梨：「咦？剛才不是說過了嗎？把左上角的數字加起來啊。」

我：「那是『猜數字方法』，妳不曉得『猜出數字的原因』
　　嗎？」

由梨：「方法和原因……一樣吧？」

我：「不，不一樣。『猜出數字的原因』是指『將卡片左上角
　　的數字全部加起來，能得到出題者所選擇的數字』的原
　　因。重點是，為什麼會這樣。」

由梨：「因為這是為猜數字所設計的卡片呀！這不是原因
　　嗎？」

我：「我換個方式說明吧。假設由梨手上的五張卡片突然消失，
　　由梨有辦法不參考其他資料，自己重新製作這五張卡片
　　嗎？」

16 17 18 19	8 9 10 11	4 5 6 7	2 3 6 7	1 3 5 7
20 21 22 23	12 13 14 15	12 13 14 15	10 11 14 15	9 11 13 15
24 25 26 27	24 25 26 27	20 21 22 23	18 19 22 23	17 19 21 23
28 29 30 31	28 29 30 31	28 29 30 31	26 27 30 31	25 27 29 31

能自己重新製作這五張卡片嗎？

由梨：「嗯……我沒辦法。不過，我可以再買一本有附這種卡
　　　片的雜誌啊！」

我：「原來這是雜誌附送的啊。總之，妳沒辦法自己做出卡片，
　　代表妳不知道『猜出數字的原因』。這樣是不是有點無趣
　　呢？」

由梨：「嗯……的確。」

我：「我們來想『猜出數字』的原因吧！」

由梨：「好啊。」

我：「若妳知道原因，說不定能表演更高水準的猜數字魔術
　　喔。」

由梨：「更高水準是什麼意思？」

我：「用這五張卡片只能猜出 1 至 31 的數字，而增加卡片張
　　數，則能猜大於 31 的數字。掌握『猜出數字的原因』，妳

就辦得到。」

由梨：「這樣啊⋯⋯哥哥，由梨本來以為這種魔術只能猜到
31，是因為一個月只有三十一天耶。」

我：「31 的確代表日期，設計這個猜數字魔術的人利用了這
點，但 31 還有其他意義，知道『猜出數字的原因』，即可
明白，解開卡片的謎題，等於解開『31 之謎』！」

由梨：「哥哥！快教我！」

我：「哥哥直接把原理告訴妳會太沒意思，我們一起來想想看
吧！」

由梨：「嗯！」

3.6　猜 1 至 1 的卡片

我：「先『嘗試較小的數字』吧。暫時不考慮『猜 1 至 31 的卡
片』，先做做看『猜 1 至 1 的卡片』。」

由梨：「猜 1 至 1⋯⋯你在說什麼啊？連猜都不用猜呀？」

我：「別急，1 至 1 的猜數字魔術，不需要用到五張卡片，只
需一張像這樣的卡片⋯⋯」

$$\boxed{1}$$

猜 1 至 1 的卡片

由梨：「一點意義也沒有……」

我：「先別急，總而言之，我們只需要一張寫著 1 的卡片。接下來，出題者聽到『從 1 到 1，選一個你喜歡的數字』，會把這張卡片翻到正面。」

由梨：「這樣好怪喔……」

我：「『考慮極端情形』的思考方式很重要。」

由梨：「是嗎？」

3.7　猜 1 至 2 的卡片

我：「妳能製作『猜 1 至 2 的卡片』嗎？」

由梨：「逐漸增加數字嗎？」

我：「沒錯。」

由梨：「這樣對嗎？」

猜 1 至 2 的卡片

我：「不錯，只需要寫著 2 和寫著 1 的卡片。」

由梨：「可是，這只是把寫好數字的卡片給人看啊，魔術師不是在『猜數字』，而是被『告知數字』！」

我：「喔，由梨真聰明！」

由梨：「咦？」

我：「妳說的沒錯喔，魔術師是被出題者『告知數字』。」

由梨：「咦？……所以接下來要做……1 至 3 的卡片嗎？」

3.8 猜 1 至 3 的卡片

我：「『猜 1 至 3 的卡片』該怎麼製作呢？」

由梨：「一樣讓出題者告訴魔術師數字吧，這三張。」

猜 1 至 3 的卡片（？）

我：「的確，把 3、2、1 寫在不同的卡片上，一定能猜中出題
　　者的數字，但是⋯⋯」

由梨：「但是？」

我：「但是，這樣一點也不像魔術。我們不需要三張卡片，只
　　需要這兩張。」

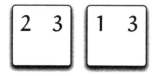

猜 1 至 3 的卡片

由梨：「嗯？」

我：「左邊是寫著 2 和 3 的卡片，右邊是寫著 1 和 3 的卡片。」

由梨：「啊！加起來嗎？」

我：「沒錯，妳腦袋轉得真快！如果出題者的數字是 3，會有
　　兩張卡片翻到正面，魔術師只需把這兩張卡片左上角的數
　　字加起來。」

由梨：「2+1＝3？」

我：「沒錯。我們把出題者有可能選擇的三種卡片都列出來
　　　吧！」

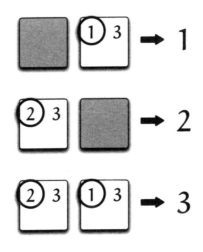

猜「1 至 3 數字」的卡片選擇方式

由梨：「若有兩張卡片翻到正面，代表出題者告訴魔術師，他
　　　想的數是 2+1，也就是 3！」

我：「沒錯！這是個重要的發現！如果出題者想的是 1 或 2，
　　　會選擇 1 或 2 的卡片。但如果是 3，則會選擇兩張卡片，
　　　以 2 和 1 的加總來表示 3。」

由梨：「有點麻煩耶，我好像懂，又好像不懂。」

我：「這可是大發現出現之前的心情，我們繼續吧！」

由梨：「嗯！接著是『猜 1 至 4 的卡片』吧！」

我：「沒錯。」

3.9 猜 1 至 4 的卡片

由梨：「咦……『猜 1 至 4 的卡片』應該不只兩張吧，因為兩張卡片已沒有其他選擇方式！」

我：「是啊，剛才我列出來的兩張卡片只有四種選擇方式，我們都用完了。」

由梨：「四種？不是只有 1、2、3，共三種嗎？」

我：「把兩張卡片都蓋起來也是一種選擇方式喔，什麼都不選也是一種選擇。」

由梨：「咦？全部蓋起來……不選擇數字嗎？」

我：「不選卡片的情形，可當作出題者選擇 0。」

由梨：「為什麼是 0 呢？」

我：「沒有卡片翻到正面，所以沒辦法加總任何數字呀。」

由梨：「原來如此！」

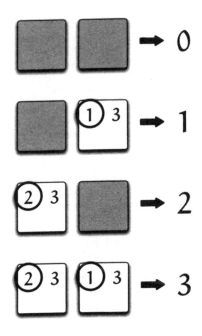

兩張卡片有四種選擇方式

我：「如此一來，四種選擇方式都用完，無法表達4這個數字，
　　所以我們無法用兩張卡片製作『猜0至4的卡片』。」

由梨：「做三張卡片可以吧？做一張寫著4的新卡片！」

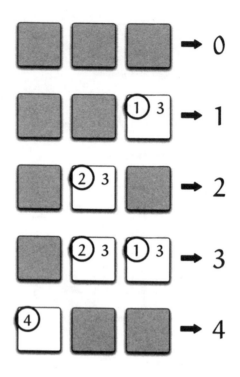

製作「猜 0 至 4 的卡片」

我：「不錯喔。」

由梨：「咦？哥哥，由梨發現一件事！」

我：「發現什麼？」

由梨：「用這三張卡片，可以猜到更大的數字喔，因為 4＋1 是
　　　　5 啊！」

我：「沒錯。」

由梨：「啊，還可以猜更大的數字喔！因為 $4+2=6$，而 $4+2+1=7$。」

我：「喔……」

由梨：「所以4的卡片要再寫上5，1的卡片要寫上5……4的卡片要寫上6……哇！越變越複雜啦！」

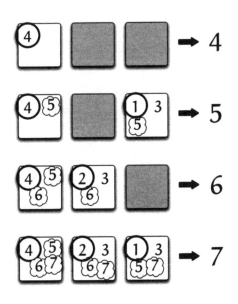

利用「猜0至4的卡片」能猜5、6、7

我：「沒錯。」

由梨：「所以，用三張卡片能猜0至7的數字！」

我：「我來幫妳重寫吧！」

由梨：「不行！由梨來寫！我想想……」

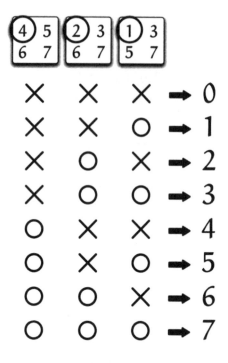

利用三張卡片來表示 0 至 7 的數字

（○表示正面，×表示背面）

我：「不錯，很棒喔。」

由梨：「最右邊卡片的數字，1、3、5、7……都是奇數。」

我:「是啊。」

由梨:「如果出題者所選的數字是 1、3、5 或 7,最右邊的那張卡片會是○……因此最右邊那行會得到交錯的排列模式:×○×○×○×○,因為是奇數!」

我:「妳的發現越來越多!」

由梨:「還沒完喔!中間的卡片是××○○××○○,兩個為一組交錯;而左邊的卡片則是××××○○○○,四個為一組交錯……」

我:「嗯,由梨已『找出排列模式』。」

由梨:「排列模式?」

我:「沒錯,找出排列模式即可預測接下來的發展,推展『因為這裡是這樣,所以那裡大概會變成那樣』的推理方式,而且這和『找出規則』息息相關喔。」

由梨:「規則啊……」

3.10　增加到四張卡片

我：「由梨，妳知道用三張卡片，能製作『猜 0 至 7 的卡片』，
　　但妳知道卡片增加到四張，會發生什麼事嗎？」

由梨：「會發生什麼事……是什麼意思？」

我：「妳有辦法列出所有『用四張卡片猜數字』的選擇方式嗎？
　　此外，請妳回答這些卡片能用來表示從 0 到多少的數字，
　　以及最左邊的卡片是翻到正面還是背面……」

由梨：「這個嘛……我覺得最左邊的卡片，上半部應該都
　　是×，下半部都是○。所有的選擇方式應該是 8 的兩倍，
　　也就是 16 種吧？我全部寫下來吧！……啊，等一下再寫卡
　　片上的數字，我先寫該選擇哪幾張卡片！」

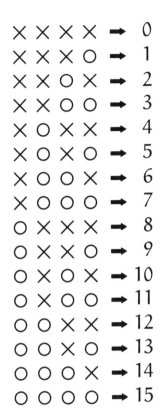

用四張卡片來表示 0 至 15 的數字
（○表示正面，×表示背面）

我：「寫得真快！」

由梨：「因為排列模式很好預測，接下來，把顯示為○的數字
　　　寫在卡片上，所以……等我一下！」

　　由梨認真為卡片寫數字。栗色的馬尾籠罩在窗外灑進來的陽光之中,散發著光芒。

由梨:「完成了!」

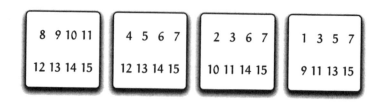

猜 0 至 15 的卡片

我:「由梨,妳注意到了嗎?」

由梨:「咦?」

我:「剛才妳靠自己的力量,做出四張卡片喔!」

由梨:「嗯,我成功了!」

我:「而且,剛才由梨拿的五張卡片當中,有四張卡片和現在這四張卡片有部分吻合喔!」

由梨:「啊,真的耶!好厲害!」

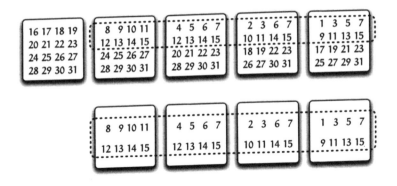

3.11 剛好吻合！

我：「由梨啊，我沒告訴妳『猜出數字的原因』，讓妳先自己
　　做這麼多卡片，很好玩吧？」

由梨：「嗯！」

我：「這心情和只知道『猜數字方法』的心情，是不是不一樣
　　呢？」

由梨：「不一樣！我之前根本沒注意每張卡片上面，到底寫了
　　　　哪些數字。」

我：「嗯？」

由梨：「不過，我依照哥哥的吩咐，把這些數字都寫下來，發
　　　　現了很多事喔，例如，最右邊的卡片寫的都是奇數，我發
　　　　現某種排列模式。」

我：「是啊，自己親手寫，可以發現不少奧妙之處呢！」

由梨：「這種猜數字的卡片只需少數幾張，即能含括許多數字，讓人準確地猜中數字。從一張卡片開始，到第二張、第三張，能猜的數字越來越多。」

我：「是啊，兩張卡片可以猜 0 至 3 的數字，三張卡片可以猜 0 至 7 的數字。由梨的發現與單純背下『猜數字方法』很不同喔。」

由梨：「嗯，不同……哥哥，我有種『剛好吻合』，相當舒暢的感覺耶！」

我：「剛好吻合是什麼意思？」

由梨：「三張卡片能猜出 0 至 7 的數字吧？」

我：「是啊。」

由梨：「大於這個數字就猜不出來，因為從×××到○○○的所有選擇方式已用完，所以有『剛好吻合』的感覺……啊！我不會說啦喵！」

我：「不，我聽得懂喔。由梨指的是使用三張卡片的可能情形吧？」

由梨：「可能情形？」

我：「是啊，三張卡片可以猜八個數字，因為三張卡片的選擇方式共有八種排列組合。」

由梨：「嗯。」

我：「『八種選擇方式』和『八個數字』互相對應，一如由梨說的『剛好吻合』。不管是哪種選擇方式，都有唯一的數與之對應；不管是哪個數，都有唯一的選擇方式與之對應。是這種一對一對應的關係讓妳覺得舒暢吧？」

由梨：「應該是吧。」

我：「由梨，我們從『猜 1 至 1 的卡片』這種簡單的問題開始，最後能發現這樣的結果，是不是很有趣？」

由梨：「嗯！超有趣！」

我：「所以『從簡單的部分下手』是相當重要的事」

由梨：「從簡單的部分下手啊……」

我：「是啊。我們來想，這種『猜數字方法』有什麼樣的意義吧！例如，『加總左上角的數字』代表什麼意思，把它用於思考『31 之謎』。」

由梨：「好！」

3.12　0 至 31

我：「做對照表即能相互對照『五張卡片的擺法』與『0 至 31 的整數』，如下頁圖。」

```
× × × × × ➝ 0
× × × × ○ ➝ 1
× × × ○ × ➝ 2
× × × ○ ○ ➝ 3
× × ○ × × ➝ 4
× × ○ × ○ ➝ 5
× × ○ ○ × ➝ 6
× × ○ ○ ○ ➝ 7
× ○ × × × ➝ 8
× ○ × × ○ ➝ 9
× ○ × ○ × ➝ 10
× ○ × ○ ○ ➝ 11
× ○ ○ × × ➝ 12
× ○ ○ × ○ ➝ 13
× ○ ○ ○ × ➝ 14
× ○ ○ ○ ○ ➝ 15
○ × × × × ➝ 16
○ × × × ○ ➝ 17
○ × × ○ × ➝ 18
○ × × ○ ○ ➝ 19
○ × ○ × × ➝ 20
○ × ○ × ○ ➝ 21
○ × ○ ○ × ➝ 22
○ × ○ ○ ○ ➝ 23
○ ○ × × × ➝ 24
○ ○ × × ○ ➝ 25
○ ○ × ○ × ➝ 26
○ ○ × ○ ○ ➝ 27
○ ○ ○ × × ➝ 28
○ ○ ○ × ○ ➝ 29
○ ○ ○ ○ × ➝ 30
○ ○ ○ ○ ○ ➝ 31
```

用五張卡片來表示 0 至 31 的數字

（○表示正面，×表示背面）

由梨：「嗯。」

我：「由表可知，我們可用『五張卡片的擺法』，來表示 0 至 31 的所有整數。」

由梨：「是，就像這張對應表嘛。」

我：「其實，若妳知道理由，不看這張對應表，也能馬上知道 0 至 31 的整數，分別對應到哪種卡片擺法。」

由梨：「看卡片就知道啦！」

我：「不一定需要看卡片喔，妳只需研究各張卡片『左上角的數字』，此即『猜數字所需加總的數字』的由來。」

由梨：「**研究數字**聽起來好帥！」

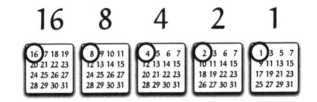

猜數字魔術的「猜數字所需加總的數字」

我：「妳看得出來這些數字有什麼特性嗎？」

$$16 \qquad 8 \qquad 4 \qquad 2 \qquad 1$$

由梨：「看得出來啊，都是偶數……喵，不對，有 1 呢。」

我：「這叫作 2 的**乘冪**。」

由梨：「2 的乘冪？」

3.13 2 的乘冪

我：「2 的乘冪是指乘了幾次 2，亦即 2 的**連乘次數**。乘 n 次 2，可寫成 2^n。」

---

2 的乘冪

$$16 = \underbrace{2 \times 2 \times 2 \times 2}_{\text{四個}} = 2^4$$

$$8 = \underbrace{2 \times 2 \times 2}_{\text{三個}} = 2^3$$

$$4 = \underbrace{2 \times 2}_{\text{兩個}} = 2^2$$

$$2 = \underbrace{2}_{\text{一個}} = 2^1$$

由梨：「咦？但是 1 沒辦法用 2 的連乘來表示吧？」

我：「一般來說，我們會**定義**『2 乘 0 次』（2 的 0 次方）等於 1。」

由梨：「定義？」

我：「亦即『自行規定』。」

$$1 = 2^0$$

由梨：「乘 0 次？」

我：「定義 2^0 等於 1，妳可以把它想成將 1『乘以零個 2』，如下所示。」

$$
\begin{aligned}
16 &= 1 \times 2 \times 2 \times 2 \times 2 &&= 2^4 \quad \text{（乘上四個 2）} \\
8 &= 1 \times 2 \times 2 \times 2 &&= 2^3 \quad \text{（乘上三個 2）} \\
4 &= 1 \times 2 \times 2 &&= 2^2 \quad \text{（乘上二個 2）} \\
2 &= 1 \times 2 &&= 2^1 \quad \text{（乘上一個 2）} \\
1 &= 1 &&= 2^0 \quad \text{（乘上零個 2）}
\end{aligned}
$$

由梨：「喔……」

我：「這個猜數字魔術的關鍵在於『2 的乘冪』。」

由梨：「嗯。」

我：「猜數字遊戲的重點在於，適當地將 16、8、4、2、1 依不同組合加總，即能表示 0 至 31 的任何整數。」

由梨：「嗯……」

我：「其實我們可以藉由計算得知將哪些卡片翻到正面，能表示哪個數。」

由梨：「計算？」

3.14　藉由計算，選擇所需的卡片

我：「重複數次用除法求餘數的計算過程，即能得知哪些卡片
　　翻到正面，能表示哪個數字。」

由梨：「一直算除法嗎？」

我：「嗯，重複算好幾次除法。以 21 為例吧，21 除以 2^4，也
　　就是除以 16，商是 1，餘數是 5 吧？」

由梨：「商是指除法的答案嗎？」

我：「是，21 除以 16，『得 1 餘 5』，1 就是商。」

$$21 \div 16 = 1 \cdots 5$$

由梨：「嗯。」

我：「接下來，『餘數的 5』再除以 2^3，也就是除以 8。如此重
　　複數次『用除法求餘數』的計算過程，留意商是多少。」

$$21 \div 16 = \boxed{1} \cdots 5$$

$$5 \div 8 = \boxed{0} \cdots 5$$

$$5 \div 4 = \boxed{1} \cdots 1$$

$$1 \div 2 = \boxed{0} \cdots 1$$

$$1 \div 1 = \boxed{1} \cdots 0$$

由梨：「嗯……好麻煩。」

我：「妳由上往下，把商唸出來。」

由梨：「1、0、1、0、1 嗎？」

我：「用卡片來表示 21，即是正面、背面、正面、背面、正面，剛好和 1、0、1、0、1 的模式互相對應。」

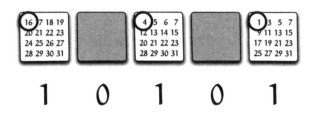

$$1 \quad 0 \quad 1 \quad 0 \quad 1$$

「正面與背面」和「1 與 0」對應
（以 21 為例）

由梨：「喔！藉由計算得知哪些卡片翻到正面，能表示哪個數！
　　　由梨想用其他的數試試看！」

我：「用 12 試試看吧！」

由梨：「嗯！」

$$12 \div 16 = \boxed{0} \cdots 12$$

$$12 \div 8 = \boxed{1} \cdots 4$$

$$4 \div 4 = \boxed{1} \cdots 0$$

$$0 \div 2 = \boxed{0} \cdots 0$$

$$0 \div 1 = \boxed{0} \cdots 0$$

我：「如何？」

由梨：「嗯，是 0、1、1、0、0，和卡片的背面、正面、正面、背面、背面吻合！」

「正面與背面」和「1 與 0」對應

（以 12 為例）

我：「很有趣吧？」

由梨：「嗯，很有趣！不過……為什麼商是 1 的卡片會是正面呢？」

我：「如果某數除以 16 的商是 1，代表這個數的大小夠減掉一次 16，但不夠減第二次，而『餘數』指的是做完減法所剩下的數。」

由梨：「嗯……」

我：「所以照著 16、8、4、2、1 的順序，除以這些數，是在依序測試這個數夠不夠減 16，夠不夠減 8……直到 1 為止，所以……」

由梨：「等一下啦！雖然打斷你的說明不太禮貌，但是我已經懂了！」

我：「是嗎？」

由梨：「出現了好多**鱷魚**！」

我：「鱷魚？」

3.15　鱷魚登場

由梨：「這裡有很多大嘴巴的**鱷魚**，依序把數字吃掉！」

我：「大嘴巴的鱷魚？」

由梨：「嗯，嘴巴的大小跟『2 的乘冪』一樣。哥哥畫圖吧！
幫我畫嘴巴大小剛好是 16、8、4、2、1 的鱷魚！從嘴巴最
大的鱷魚開始，依序咬掉數字，咬剩的部分留給下一個鱷
魚繼續咬。」

我：「哈哈……原來如此，我大概知道由梨在說什麼，是這樣
的圖吧？」

$$2^4 = 16$$

$$2^3 = 8$$

$$2^2 = 4$$

$$2^1 = 2$$

$$2^0 = 1$$

鱷魚嘴巴的大小是「2 的乘冪」

由梨:「哇,好醜!哥哥你畫得好糟,完全不像鱷魚!」

我:「因為是示意圖……」

由梨:「哇!完全不行!這個黑色的點是鼻子嗎?還是眼睛?」

我:「總而言之,要把數字丟給這些鱷魚咬吧?」

由梨:「沒錯,從最大隻的鱷魚開始咬數字,剩下的再傳給下一隻鱷魚!照此方式持續下去。」

我:「這想法滿特別的……」

由梨：「這種鱷魚……喜歡用食物把嘴巴塞得滿滿，如果把比嘴巴小的數字丟給牠，牠會把數字傳給下一隻鱷魚。以21為例，只有16、4、1三隻鱷魚會『咬一口』數字。」

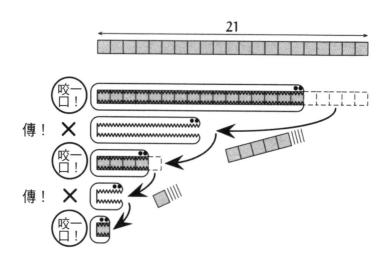

三隻鱷魚咬掉21

由梨：「對了，而且因為只有16、4、1這三隻鱷魚的嘴巴能塞滿數字，所以把這三隻咬掉的數字組合起來，能得到原來的21。」

$$16+4+1=21$$

我：「沒錯，由梨的想法完全正確！」

由梨：「把12丟給鱷魚，只有8和4的鱷魚會咬數字。」

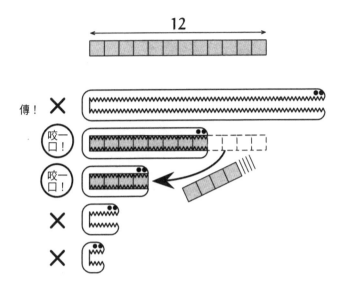

兩隻鱷魚咬掉 12

我：「多虧由梨能想到這種有趣的說明方式。」

由梨：「沒有啦，比不上哥哥畫的圖有趣！」

我：「唔……」

由梨：「哥哥，用『2 的乘冪』來思考，真的很有趣！」

3.16　31 之謎

我：「鱷魚也可以說明『31 之謎』喔。」

由梨：「31 之謎是什麼？」

我：「由梨可以用『五張卡片』來猜『0 至 31 的任何數字』吧？」

由梨：「嗯。」

我：「這裡出現的 31 是什麼意思呢？」

由梨：「啊！是五隻鱷魚都『咬一口』的數字！」

我：「沒錯，31 是五張卡片全翻到正面所表示的數字。」

$$31 = 16 + 8 + 4 + 2 + 1$$

由梨：「嗯。」

我：「另外，31 也可以表示成數學式 $2^5 - 1$。」

$$31 = 2^5 - 1$$

由梨：「喔？$2^5 - 1$？」

我：「嗯，$2^5 = 2 \times 2 \times 2 \times 2 \times 2 = 32$，要表示 32，則需要左上角寫著 32 的『第六張卡片』，只有五張卡片沒辦法表示 2^5，所以 $2^5 - 1$ 是五張卡片所能表示的最大數字。」

由梨：「原來如此。」

我：「只是寫出數字 31，並無法得知有什麼意義，但『寫成式子』，例如 $2^5 - 1$，即可知道 $2^5 - 1$ 的 5 代表『卡片張數』，亦即若有 n 張卡片，則猜數字魔術可以猜到的最大數字是 $2^n - 1$，以此類推……」

$2^1 - 1$	$=$	1	一張卡片可表示的最大數字
$2^2 - 1$	$=$	3	兩張卡片可表示的最大數字
$2^3 - 1$	$=$	7	三張卡片可表示的最大數字
$2^4 - 1$	$=$	15	四張卡片可表示的最大數字
$2^5 - 1$	$=$	31	五張卡片可表示的最大數字
$2^6 - 1$	$=$	63	六張卡片可表示的最大數字
$2^7 - 1$	$=$	127	七張卡片可表示的最大數字
$2^8 - 1$	$=$	255	八張卡片可表示的最大數字
$2^9 - 1$	$=$	511	九張卡片可表示的最大數字
$2^{10} - 1$	$=$	1023	十張卡片可表示的最大數字
$\vdots$			
$2^n - 1$	$=$	$2^n - 1$	n 張卡片可表示的最大數字

由梨：「十張卡片能表示 1023！」

3.17 2 至 10

我：「對了，由梨，其實我們一直都在使用『10 的乘冪』喔。」

由梨：「10 的乘冪……」

我：「沒錯，就是 10^n，而 $n = 0$、1、2、3、4……」

$$10^0 = 1$$
$$10^1 = 10$$
$$10^2 = 100$$
$$10^3 = 1000$$
$$10^4 = 10000$$

$$10^n = \underbrace{1000\cdots00}_{n\,個}$$

由梨：「個、十、百、千、萬……喔，就是計算位數嘛！」

我：「沒錯，我們平常計算數字，所用的即是 10 的乘冪，因此稱為十進位。」

由梨：「啊，我聽過這個。」

我：「數學課有教過吧？」

由梨：「好像有。」

我：「十進位是把數字表示成『10 的乘冪』的加總。」

由梨：「喔──」

我：「例如，7038 可以用十進位表示成『七個 1000、零個 100、三個 10、八個 1 的總和』。」

由梨：「哇，太麻煩了吧！」

我：「寫成算式……」

$$7038 = \boxed{7} \times 1000 + \boxed{0} \times 100 + \boxed{3} \times 10 + \boxed{8} \times 1$$

由梨:「原來如此。」

我:「當然也可以寫成這樣……」

$$7038 = \boxed{7} \times 10^3 + \boxed{0} \times 10^2 + \boxed{3} \times 10^1 + \boxed{8} \times 10^0$$

由梨:「嗯。」

我:「而卡片的猜數字魔術,則是利用『2 的乘冪』,亦即二進位。」

由梨:「二進位?」

我:「舉例來說,12 能以二進位表示成『零個 16、一個 8、一個 4、零個 2、零個 1 的總和』。」

$$12 = \boxed{0} \times 16 + \boxed{1} \times 8 + \boxed{1} \times 4 + \boxed{0} \times 2 + \boxed{0} \times 1$$

由梨:「啊,這和剛才的 0、1、1、0、0 一樣!」

我:「寫成乘冪的形式……」

$$12 = \boxed{0} \times 2^4 + \boxed{1} \times 2^3 + \boxed{1} \times 2^2 + \boxed{0} \times 2^1 + \boxed{0} \times 2^0$$

由梨:「嗯。」

我:「雖然十進位和二進位所用的乘冪不一樣,但式子的形式很像吧?」

由梨：「對。」

我：「十進位是把『10 的乘冪』的各項合起來看；二進位則是把『2 的乘冪』的各項合起來看。十進位的各位數皆為 0 至 9 的數字，共有十種可能；而二進位的各位數皆為 0 或 1，有兩種可能，因此二進位可以用於猜數字魔術。」

由梨：「咦？為什麼二進位可用於猜數字魔術呢？」

我：「因為各位數都有 0 和 1 兩種可能，而卡片也有正面和背面兩種可能。翻到背面代表 0，翻到正面代表 1。正面和背面，對應 1 和 0，猜數字魔術利用這種對應關係運作。」

由梨：「原來如此！卡片的正反面樣式，和二進位的數字一樣啊！」

我：「是啊，用二進位來表示 12，即是 01100，剛好和卡片的『背面（0）、正面（1）、正面（1）、背面（0）、背面（0）』對應。」

「正面與背面」和「1 與 0」對應

（以二進位表示 12）

由梨：「喔！」

我：「所以將寫有某數的卡片翻成正面，就是 將那個數字以二進位表示。這是猜數字魔術『猜出數字的原因』。」

由梨：「我懂了！」

猜出數字的原因

把背面當作 0，正面當作 1，則卡片的順序就是數字的二進位表示法。

我：「妳翻卡片是在告訴魔術師，以二進位表示的數字。」

由梨：「原來如此！」

媽媽：「孩子們！要不要吃鬆餅？」

由梨：「要！我要吃鬆餅！」

　　從廚房傳來媽媽的聲音，我和由梨往客廳移動。媽媽做的鬆餅就由我和由梨代替鱷魚，一口一口吃下肚吧。

　　　　「不管是哪個數字，只要你給我線索，我都可以猜中。」

附錄：二進位與十進位

00000	0	01000	8	10000	16	11000	24
00001	1	01001	9	10001	17	11001	25
00010	2	01010	10	10010	18	11010	26
00011	3	01011	11	10011	19	11011	27
00100	4	01100	12	10100	20	11100	28
00101	5	01101	13	10101	21	11101	29
00110	6	01110	14	10110	22	11110	30
00111	7	01111	15	10111	23	11111	31

附錄：以二進位數數看

00000 0   01000 8   10000 16   11000 24

00001 1   01001 9   10001 17   11001 25

00010 2   01010 10   10010 18   11010 26

00011 3   01011 11   10011 19   11011 27

00100 4   01100 12   10100 20   11100 28

00101 5   01101 13   10101 21   11101 29

00110 6   01110 14   10110 22   11110 30

00111 7   01111 15   10111 23   11111 31

第 3 章的問題

●問題 3-1（以卡片表示）

用本章的五張猜數字卡片來表示 25 吧！請寫出那些被翻到正面的卡片，左上角的數字是多少。

（解答在第 240 頁）

●問題 3-2（卡片的數字）

本章的五張猜數字卡片中，有一張卡片左上角的數字是 2。請寫出這張卡片上的所有數字（不要看前文，自己回答看看吧）。

2	?	?	?
?	?	?	?
?	?	?	?
?	?	?	?

（解答在第 241 頁）

●問題 3-3（4 的倍數）

你能夠在本章五張猜數字卡片一字排開時，一眼看穿「出題者選的數字是不是 4 的倍數」嗎？假設五張卡片左上角的數字由左至右依序為 16、8、4、2、1，請問此數是否為 4 的倍數。

（解答在第 242 頁）

●問題 3-4（正面與背面交換）

以本章的五張猜數字卡片來表示某數 N，再把這五張卡片的正面與背面交換（把本來翻成正面的卡片翻到背面，反之亦然），此時，這五張卡片表示的是什麼數字呢？請用 N 來表示。

（解答在第 243 頁）

●問題 3-5（n 張卡片）

本章的五張猜數字卡片都寫著十六個數字。如果使用 n 張猜數字卡片，卡片上應寫幾個數字呢？

（解答在第 243 頁）

第 4 章

數學歸納法

「隨時想著要『往前一步』，就能抵達目的地。」

4.1　圖書室

這裡是高中的圖書室，現在是放學時間。

我很喜歡圖書室，放學後常常待在圖書室。

在這裡，我幾乎都在思考，有時會寫算式，有時什麼也不寫，只在腦中想。這種不用在乎時間流逝，而能盡情思考的感覺很棒。

上課中思考會被老師打斷，考試中思考會被迫中止，但這段時間能讓我靜下心自由思考（只有瑞谷老師來鎖門才會打斷我），我很享受。

我沉浸於思考，蒂蒂來到我身邊。

4.2　蒂蒂

蒂蒂：「學長，學科能力測驗[註]好像會出**數學歸納法**的題目耶。」

我：「是啊。」

蒂蒂：「好像很困難……」

我：「雖然名字看起來很困難，但拋棄成見，仔細思考每個步驟瞭解原理，妳會發現其實沒那麼難。」

蒂蒂：「這樣啊……那麼……」

我：「嗯？」

蒂蒂：「如果學長有時間，能不能教我數學歸納法呢……」

我：「好啊，我們一起來解相關的問題吧。」

蒂蒂：「好！」

　　我們找來圖書室內的入學相關書籍，發現需用到數學歸納法的問題。這是 2013 年的日本大學入學學科能力測驗，數學 II · 數學 B 的第三題（選擇題）。

我：「第三題的第（2）小題，會用到數學歸納法喔。」

蒂蒂：「是。」

我：「第三題有（1）和（2），兩小題都是數列的問題。我看看……（1）的答案和（2）的解題過程不太有關係，我們只看（2）吧！」

蒂蒂：「嗯，拜託學長。」

我：「首先，把題目讀一遍吧！」

於是，我和蒂蒂開始用學科能力測驗的題目，來研究數學歸納法。

4.3 題目 1

題目 1

正數組成的數列 $\{a_n\}$，從首項到第三項是 $a_1 = 3$，$a_2 = 3$，$a_3 = 3$，且對於所有自然數 n 而言，會滿足以下式子：

$$a_{n+3} = \frac{a_n + a_{n+1}}{a_{n+2}} \quad \cdots\cdots\cdots ②$$

數列 $\{b_n\}$、$\{c_n\}$ 對於所有自然數 n 而言，亦滿足 $b_n = a_{2n-1}$，$c_n = a_{2n}$，請求數列 $\{b_n\}$、$\{c_n\}$ 的一般項。首先，由②可得：

$$a_4 = \frac{a_1 + a_2}{a_3} = \boxed{ㄅ} \;,\; a_5 = 3 \;,\; a_6 = \boxed{\dfrac{ㄆ}{ㄇ}} \;,\; a_7 = 3$$

因此，可由 $b_1 = b_2 = b_3 = b_4 = 3$ 推論出：

$$b_n = 3 \qquad (n = 1, 2, 3\cdots\cdots) \qquad \cdots\cdots\cdots ③$$

由於 $b_1 = 3$，所以說明③，只需說明——對於所有自然數 n 而言，以下恆等式成立：

$$b_{n+1} = b_n \qquad \cdots\cdots\cdots ④$$

而這個等式⋯⋯

（下接第 147 頁的題目 2）

蒂蒂：「可以等一下嗎？學長，我的腦袋快裝不下了。」

我：「抱歉，我們不要一次看那麼多，一句一句說明題目吧！」

蒂蒂：「這題目又長又複雜……」

我：「考卷出現一大串題目，會讓人覺得很難親近呢。實際的考試應該要快速讀完題目，不過現在理解題目比較重要，我們先把題目斷成幾句，一句一句慢慢看吧！」

蒂蒂：「一句一句慢慢看……」

我：「沒錯，沒有完全理解題目的意思，只想著趕快把題目讀完，一點意義也沒有。藉由這次機會，我們一句句看完題目，確認自己有沒有理解題目的意思吧！」

蒂蒂：「好！」

　　蒂蒂總是這麼聽話。

4.4　數列

我：「首先，我們來看題目的開頭。」

正數組成的數列 $\{a_n\}$……

蒂蒂:「學長，**正數**是大於 0 的數吧？」

我:「沒錯，正數是大於 0 的數。而**數列**如同其名，是指排成一列的數，1、2、3、4……是一個數列，0、2、4、6、8……也是一個數列，-1、$\dfrac{1}{2}$、$-\dfrac{1}{3}$、$\dfrac{1}{4}$、$-\dfrac{1}{5}$……也是。」

蒂蒂:「咦？不過，題目說是正數……」

我:「是啊，這個題目提到『正數組成的數列 $\{a_n\}$』，所以數列 $\{a_n\}$ 不包含 0 與負數，解題要考慮這些條件。」

蒂蒂:「好。」

我:「一般來說，數列可以用這種方式表示……」

$$a_1 \text{、} a_2 \text{、} a_3 \text{、} a_4 \cdots\cdots$$

蒂蒂:「a_1 和 a_2 表示數字嗎？」

我:「沒錯，這些符號都表示數字。我們加上編號，為每個數字命名。這個數列的第一個數以 a_1 表示，第二個數以 a_2 表示……而 a_1 和 a_2 旁邊的小數字，稱作下標。」

蒂蒂:「我知道了。」

我:「這個題目的數列以 $\{a_n\}$ 表示。繼續讀題目，可以看到與這個數列相關的說明，以及最初的幾個數字。」

> 從首項到第 3 項是 $a_1 = 3$，$a_2 = 3$，$a_3 = 3\cdots\cdots$

蒂蒂：「真的耶，數列的第一個數字是 3，第二數字是 3，第三個數字是 3……咦？全部都是 3 嗎？」

我：「不對，題目沒有說全部都是 3 吧，這是成見喔！」

蒂蒂：「唉呀！學長說的對，真抱歉。」

我：「仔細讀過題目，我們已知 $\{a_n\}$ 是從 3、3、3 開始的數列。」

$$3 、 3 、 3 \cdots\cdots$$

蒂蒂：「是。」

我：「雖然學科能力測驗的作答方式是畫答案卡，但不能只想著要塗哪一格答案，應該要抱著真心想**解決此數學問題**的心情，來答題。正確解開數學問題，才能塗到正確的格子，而為了正確解題，一定要仔細閱讀題目。」

蒂蒂：「原來如此，學長說的沒錯……要仔細閱讀題目。」

4.5　以遞迴式定義數列

我：「我們繼續讀題目吧，接下來，仍是數列 $\{a_n\}$ 的說明。」

數列 $\{a_n\}$……對於所有自然數 n 而言，會滿足以下式子：

$$a_{n+3} = \frac{a_n + a_{n+1}}{a_{n+2}} \qquad \cdots\cdots\cdots\cdots ②$$

蒂蒂：「學長，我看不懂出現大量符號的算式。」

我：「別一開始就害怕，先讀看看。看到②這樣的算式，妳有沒有發現什麼呢？」

蒂蒂：「嗯，你是指……算式②用的符號都是 $a_{某數}$ 的形式嗎？」

我：「沒錯，算式②的符號有 a_n、a_{n+1}、a_{n+2} 和 a_{n+3}。」

蒂蒂：「這裡的 n 代表什麼意思呢？」

我：「嗯，我們來看題目吧。題目是不是寫著『對於所有自然數 n 而言』？自然數是指 1、2、3、4……等數字，這句話代表，以 1、2、3、4……的任何一數代入算式②的 n，算式②都會成立。」

蒂蒂：「誰說的？是誰這麼說呢？」

我：「是出題者喔，這是出這個問題的人想傳達的事。出題者利用算式②來定義數列 $\{a_n\}$。」

蒂蒂：「定義數列……」

我：「數列是排成一列的數，題目只有提到前三項，$a_1 = 3$，$a_2 = 3$，$a_3 = 3$，沒有說後面是多少，但只要利用算式②，即能求出之後的每一項 a_4、a_5、a_6……」

蒂蒂：「每一項……可以求出之後的每一項，直到**無限**嗎？」

我：「沒錯，不過『直到無限』的說法，讓人覺得這個數列會無止盡持續下去，永遠求不完。其實，不管自然數 n 多大，我們都能立刻求出 a_n，以 $n = 10000$ 為例，利用算式②即能馬上得知 a_n 是多少。」

蒂蒂：「那個……不好意思，我不曉得算式②該怎麼『利用』……我什麼都不懂，抱歉……」

我：「妳再仔細看一次算式②，看看式子的形式。」

$$a_{n+3} = \frac{a_n + a_{n+1}}{a_{n+2}} \qquad \cdots\cdots\cdots\cdots ②$$

蒂蒂：「式子的形式……這個算式是……分數，除此之外……還有其他重要的地方嗎？」

我：「『右邊』是 a_n、a_{n+1}、a_{n+2}；『左邊』則是 a_{n+3}，這種形式相當重要喔。」

蒂蒂：「為什麼呢？」

我：「利用算式②，能由 a_1、a_2、a_3 算出 a_4，蒂蒂，這是重

點！」

蒂蒂：「咦……啊！真的耶！」

我：「以 1 代入算式②的 n，則可利用右邊的 a_1、a_2、a_3，算出左邊的 a_4。接著，將 2 代入算式②的 n，由右邊的 a_2、a_3、a_4 算出左邊的 a_5……妳看得懂嗎？」

蒂蒂：「我看懂了！我看懂了！

- 利用 a_1、a_2、a_3，算出 a_4。
- 利用 a_2、a_3、a_4，算出 a_5。
- 利用 a_3、a_4、a_5，算出 a_6……

是這樣吧！」

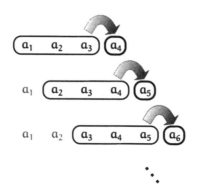

我：「沒錯，如此一來，不管自然數 n 是多少，都可以算出 a_n，所以我們只要知道……

• $a_1 = 3$，$a_2 = 3$，$a_3 = 3$ 等實際數值
• 算式②

即能定義數列 $\{a_n\}$。妳目前還不需要在意算式②是否為分數形式，只需知道這是**在定義數列** $\{a_n\}$。」

蒂蒂：「原來這個算式要這樣解讀啊！」

我：「②這種用來定義數列的算式，通常稱作**遞迴式**，這個題目利用遞迴式來定義數列 $\{a_n\}$。到此為止，妳聽得懂嗎？」

蒂蒂：「沒問題！我都聽得懂！」

$$\begin{cases} a_1 = 3 \\ a_2 = 3 \\ a_3 = 3 \\ a_{n+3} = \dfrac{a_n + a_{n+1}}{a_{n+2}} \quad (n = 1, 2, 3 \cdots\cdots) \end{cases}$$

利用遞迴式定義數列 $\{a_n\}$

我：「一句句讀完數學題目，就能理解。不過我們距離數學歸納法，還有一大段路要走！」

蒂蒂：「學長，雖然如此，我已學到不少東西，思路也變得更清晰，即使算式看似亂七八糟，我也能看清其中的條理！」

我：「太棒了，我們繼續讀題目吧！」

蒂蒂：「學長！繼續讀下去之前，我想做一件事！」

我：「咦？」

4.6 計算各項

蒂蒂：「不好意思，學長。因為我好不容易瞭解計算方式，所以我想利用算式②實際算 a_4、a_5、a_6……等數。」

我：「啊，我理解蒂蒂想要親自確認每一項的心情。」

蒂蒂：「我要計算囉，首先是 a_4！」

$$a_{n+3} = \frac{a_n + a_{n+1}}{a_{n+2}}$$ 　　算式②

$$a_{1+3} = \frac{a_1 + a_{1+1}}{a_{1+2}}$$ 　　將 $n=1$ 代入算式②

$$a_4 = \frac{a_1 + a_2}{a_3}$$ 　　計算下標

$$= \frac{3+3}{3}$$ 　　代入 $a_1 = 3$，$a_2 = 3$，$a_3 = 3$

$$= \frac{6}{3}$$ 　　計算 $3+3=6$

$$= 2$$ 　　計算 $6 \div 3 = 2$

我：「不錯，最後得到 $a_4 = 2$。」

蒂蒂：「接著計算 a_5。」

$$a_{n+3} = \frac{a_n + a_{n+1}}{a_{n+2}}$$ 　　算式②

$$a_{2+3} = \frac{a_2 + a_{2+1}}{a_{2+2}}$$ 　　將 $n=2$ 代入算式②

$$a_5 = \frac{a_2 + a_3}{a_4}$$ 　　計算下標

$$= \frac{3+3}{2}$$ 　　代入 $a_2 = 3$，$a_3 = 3$，$a_4 = 2$

$$= \frac{6}{2}$$ 　　計算 $3+3=6$

$$= 3$$ 　　計算 $6 \div 3 = 2$

我：「$a_5 = 3$！」

蒂蒂：「嗯……再來是 a_6。」

$$a_{n+3} = \frac{a_n + a_{n+1}}{a_{n+2}} \qquad \text{算式②}$$

$$a_{3+3} = \frac{a_3 + a_{3+1}}{a_{3+2}} \qquad \text{將 } n=3 \text{ 代入算式②}$$

$$a_6 = \frac{a_3 + a_4}{a_5} \qquad \text{計算下標}$$

$$= \frac{3+2}{3} \qquad \text{代入 } a_3=3 \text{，} a_4=2 \text{，} a_5=3$$

$$= \frac{5}{3} \qquad \text{計算 } 3+2=5$$

我：「妳算出 $a_6 = \frac{5}{3}$。」

蒂蒂：「咦……居然出現分數……」

我：「數列中出現分數並不奇怪喔。」

蒂蒂：「是沒錯啦……下一個是 a_7……」

$$a_{n+3} = \frac{a_n + a_{n+1}}{a_{n+2}} \qquad \text{算式②}$$

$$a_{4+3} = \frac{a_4 + a_{4+1}}{a_{4+2}} \qquad \text{將 } n=4 \text{ 代入算式②}$$

$$a_7 = \frac{a_4 + a_5}{a_6} \qquad \text{計算下標}$$

$$= \frac{2+3}{\frac{5}{3}} \qquad \text{代入 } a_4=2 \text{，} a_5=3 \text{，} a_6=\frac{5}{3}$$

$$= 5 \div \frac{5}{3} \qquad \text{將分數轉換為除法}$$

$$= 5 \times \frac{3}{5} \qquad \text{將分數的除法轉換為乘法}$$

$$= 3 \qquad \text{計算結果}$$

我：「$a_7 = 3$。」

蒂蒂：「自然數讓人安心呀……到目前為止，我已經求出 a_1 至 a_7 的數值！」

n	1	2	3	4	5	6	7	...
a_n	3	3	3	2	3	$\frac{5}{3}$	3	...

我：「蒂蒂啊……」

蒂蒂：「OK，繼續求出每一項吧！下一個是……」

我：「等一下，蒂蒂，妳注意到了嗎？」

蒂蒂：「啊，不好意思，照這個方式算下去，永遠都求不完吧！」

我：「不，我不是那個意思。」

蒂蒂：「嗯？」

我：「蒂蒂已解開學科能力測驗題目的 ㄅ、ㄆ、ㄇ 空格。」

首先，由②可得：

$$a_4 = \frac{a_1 + a_2}{a_3} = \boxed{ㄅ}, \quad a_5 = 3, \quad a_6 = \frac{\boxed{ㄆ}}{\boxed{ㄇ}}, \quad a_7 = 3 \cdots\cdots$$

蒂蒂：「真的耶，不知不覺求出來！$ㄅ$是 a_4，所以是 2；而 a_6 是 $\frac{5}{3}$，所以$ㄆ$是 5；$ㄇ$是 3！」

我：「題目給出遞迴式，讓我們能藉此計算 a_4、a_5、a_6……真讓人想實際計算呢，我不意外蒂蒂會想要這麼做。」

蒂蒂：「是啊，越算越開心！」

4.7 以數列定義數列

我：「我們回頭看學科能力測驗的題目吧，題目在空格 $ㄅ$、$ㄆ$、$ㄇ$ 前面提及『別的數列』。」

> 數列 $\{b_n\}$、$\{c_n\}$ 對於所有自然數 n 而言，亦滿足 $b_n = a_{2n-1}$，$c_n = a_{2n}$，請求出數列 $\{b_n\}$、$\{c_n\}$ 的一般項。

蒂蒂：「呃……」

我：「妳先冷靜下來，題目出現的兩個數列分別是什麼呢？」

蒂蒂：「是數列 $\{b_n\}$ 和數列 $\{c_n\}$。」

我：「沒錯，妳曉得這兩個數列各自的定義嗎？」

蒂蒂：「定義嗎？我曉得。」

$$b_n = a_{2n-1} \qquad \text{數列 } \{b_n\} \text{ 的定義}$$
$$c_n = a_{2n} \qquad \text{數列 } \{c_n\} \text{ 的定義}$$

我：「嗯，蒂蒂利用數列 $\{a_n\}$，定義 $\{b_n\}$ 和 $\{c_n\}$ 這兩個數列。」

蒂蒂：「是。」

我：「剛才蒂蒂所寫的算式，與題目的這個部分相同……」

亦滿足 $b_n = a_{2n-1}$，$c_n = a_{2n}$

蒂蒂：「學長！題目的『亦滿足○○』是關鍵吧！出題者用『亦滿足○○』的說法，來定義數列！」

我：「沒錯。」

蒂蒂：「好像在制定遊戲規則……」

我：「對了，妳知道 $b_n = a_{2n-1}$ 怎麼唸嗎？」

蒂蒂：「咦？不是唸成 b_n 等於 a_{2n-1} 嗎？」

我：「嗯，這麼唸不算錯，但這是定義 b_n 的式子，唸成『b_n 定義為 a_{2n-1}』比較好，另外，妳知道 a_{2n-1} 是什麼意思嗎？」

蒂蒂：「數列 $\{a_n\}$ 的……嗯……第 $2n-1$ 個項！」

我：「這個說也沒錯啦……是我問的方式不對……換個說法，若 $n=1, 2, 3, 4$……$2n-1$ 表示什麼呢？」

蒂蒂：「$2n-1$ 是……**奇數**！」

我：「沒錯，所以『數列 $\{b_n\}$ 是由數列 $\{a_n\}$ 的奇數項組成』。$2n-1$ 是產生奇數的算式，所以當 $n=1, 2, 3, 4, 5$……可求得 $2n-1=1, 3, 5, 7, 9$……」

蒂蒂：「我懂了……此外，數列 $\{c_n\}$ 是 a_{2n}，是偶數吧！」

我：「是啊，它的下標是偶數。」

- 數列 $\{b_n\}$ 是由 a_1、a_3、a_5、a_7、a_9……組成的數列
- 數列 $\{c_n\}$ 是由 a_2、a_4、a_6、a_8、a_{10}……組成的數列

我：「繼續讀題目吧。好的出題者會提示作答者該朝什麼方向思考喔！」

請求數列 $\{b_n\}$、$\{c_n\}$ 的一般項。

我：「妳覺得關鍵字是什麼呢？」

蒂蒂：「是……一般項嗎？」

我：「沒錯，數列 $\{b_n\}$ 的**一般項**是 b_n，而數列 $\{c_n\}$ 的一般項是 c_n。」

蒂蒂：「所以……『這個數列的第 n 項是什麼』是在問一般項是什麼囉？」

我：「沒錯，可以說是一般項，也可說是第 n 項，而『這個數列的第 n 項是什麼』，通常是要作答者『**用 n 表示數列的一般項**』。」

蒂蒂：「原來如此，用 n 表示一般項……我懂了！」

　　蒂蒂寫著《秘密筆記》，她總是馬上記錄她學到的數學知識和關鍵字。

我：「雖然題目要作答者求數列 $\{b_n\}$、$\{c_n\}$ 的一般項，但接下來問的卻是 a_4、a_5、a_6、a_7。這些數蒂蒂剛才已求出來了。」

首先，由②可得：

$$a_4 = \frac{a_1 + a_2}{a_3} = \boxed{ㄅ} \,, \; a_5 = 3 \,, \; a_6 = \frac{\boxed{ㄆ}}{\boxed{ㄇ}} \,, \; a_7 = 3 \cdots\cdots$$

蒂蒂：「$\boxed{ㄅ}$ 是 2，$\boxed{ㄆ}$ 是 5，$\boxed{ㄇ}$ 是 3，剛才看到分數，我覺得有點不安，不過現在發現它剛好能填進答案欄，我放心了。」

我：「嗯，而且蒂蒂剛才算出的 $a_5 = 3$ 和 $a_7 = 3$，也和題目一樣。」

蒂蒂：「明明題目有寫……我還浪費時間計算。」

我：「不，妳這麼做可以證明妳走在正確的道路。」

蒂蒂：「既然如此，我們繼續讀題目吧！」

4.8 推論數列

因此，可由 $b_1 = b_2 = b_3 = b_4 = 3$ 推論出：

$$b_n = 3 \qquad (n = 1, 2, 3 \cdots \cdots) \qquad \cdots \cdots \cdots \cdots ③$$

我：「你知道這段在講什麼嗎？」

蒂蒂：「嗯！我大概知道……因為 b_1、b_2、b_3、b_4 正好是奇數項 a_1、a_3、a_5、a_7，且都等於 3，所以 b_5、b_6、b_7……也都等於 3！出題者提出這樣的『主張』吧！」

我：「正確來說，這還不能算是『主張』，而是『推論』。」

蒂蒂：「咦？什麼意思？」

我：「這裡寫的是『可由……推論』，所以只是『推論』。因為出題者只確認了 b_1、b_2、b_3、b_4 這四項，至於 b_5 與 b_6，甚至 b_{10000} 是否等於 3，都還沒被確認。」

蒂蒂：「說的也是，我只需努力算出剩下的數吧！」

我：「不對，我不是那個意思。」

蒂蒂：「不是嗎？」

我：「我不是要妳努力算出之後的項，即使妳算出很多項的數值，也只能確認這些數值符合推論。」

蒂蒂：「有什麼問題嗎？必須把它算出來，才有辦法確認是否符合推論啊！」

我：「蒂蒂，這時要運用數學的力量！我們來證明這件事！」

蒂蒂：「證明這件事？」

4.9 證明

我：「繼續讀題目吧！」

> 由於 $b_1 = 3$，所以說明③，只需說明——對於所有自然數 n 而言，以下恆等式成立：
>
> $$b_{n+1} = b_n \qquad \cdots\cdots\cdots④$$

我：「這裡寫的是『只需說明……』吧！在數學上，『說明』某件事有時指『證明』某件事，所以這段想說的是……」

> 由於 $b_1 = 3$，所以**證明**③，只需**證明**——對於所有自然數 n 而言，以下恆等式成立：
>
> $$b_{n+1} = b_n \qquad \cdots\cdots\cdots④$$

蒂蒂：「不好意思，雖然有點離題，但我可以先問問題嗎？」

我：「可以啊，妳想問什麼呢？」

蒂蒂：「這個題目寫到『對於所有自然數 n 而言』吧？」

我：「是。」

蒂蒂：「也就是說，『不管 n 是 1、2、3、4……哪個數』都成立嗎？」

我：「沒錯。我們只需證明不管自然數 n 是多少，$b_{n+1}=b_n$ 皆會成立。題目講的是『所有』自然數，但數學也常用『任意』二字來表示，意思完全一樣。」

蒂蒂：「是的……這個真的有辦法證明嗎？自然數有無限多個吧！」

我：「沒錯！蒂蒂，這就是困難而有趣的地方喔！自然數有無限多個，不可能一個個驗證，所以我們不能一一確認，而是要想辦法證明。」

蒂蒂：「……」

我：「若會證明，自然數有無限多個即不是問題。」

蒂蒂：「所有自然數的證明？」

我：「是啊，數學有種方法能證明所有自然數的特性。」

蒂蒂：「有這種方法嗎？」

我：「有，可證明所有自然數的方法，就是**數學歸納法**！」

蒂蒂：「咦！」

我：「而數學歸納法是什麼，下面的題目 2 有直接了當的說明，
　　我們接著讀吧！」

蒂蒂：「是！」

4.10　題目 2

> 題目 2（上接第 127 頁的題目 1）
>
> 而這個等式可以利用「已知 $n=1$，④會成立；先假設
> $n=k$，④會成立；再說明若 $n=k+1$，④亦成立」的方式
> 證明。這個方式稱作 ㄈ ，請從下列 ⓪ 至 ③ 的選項中，
> 選擇正確名稱填入 ㄈ 。
>
> ⓪ 綜合除法　① 弧度法　② 數學歸納法　③ 反證法
>
> （下接第 159 頁的題目 3）

蒂蒂：「……」

我：「所以，ㄈ 的答案是選項 ② 數學歸納法。順帶一提，選項
　　⓪ 的綜合除法以多項式為對象，選項 ① 的弧度法指將角度
　　的單位由『度』改成『rad』。⓪ 和 ① 不是數學的證明方
　　法。而選項 ③ 反證法，雖然是證明方法，卻是先否定欲證
　　明之命題，再導向矛盾結果的證明方法，和自然數的證明
　　沒有直接關係。」

蒂蒂:「咦……」

我:「嗯?蒂蒂,怎麼啦?妳想深入瞭解反證法嗎?」

蒂蒂:「不是啦。我完全不明白這題目的意思,這不是外星語嗎?」

利用「已知 $n=1$,④會成立;先假設 $n=k$,④會成立;再說明若 $n=k+1$,④亦成立」的方式證明。

我:「這個部分和之前一樣,要一句句慢慢看。聽好囉,數學歸納法可以分成『兩個步驟』來看!」

數學歸納法的「兩個步驟」

步驟 A

　　說明以下事項：

　　若 $n=1$，算式④成立。

步驟 B

　　說明以下事項：

　　若 $n=k$，算式④成立，

　　則若 $n=k+1$，算式④亦成立。

蒂蒂：「嗯，的確有兩個步驟。」

我：「這裡我們所關心的是算式④吧？」

$$b_{n+1}=b_n \qquad \cdots\cdots\cdots\cdots ④$$

蒂蒂：「是。這是與數列 $\{b_n\}$ 有關的算式吧？」

我：「沒錯，我們想證明『不管 n 以哪個自然數代入，算式④都會成立』，所以算式④的 n，有重要的任務。」

蒂蒂：「這樣啊……」

我：「因為如果 n 改變，算式④也會改變，例如，若 $n=1$，算式④即是……」

$$b_2=b_1 \qquad \cdots\cdots\cdots\cdots 若 \ n=1 \ 的算式④$$

蒂蒂:「沒錯。」

我:「如果 $n=2$，算式④會變怎樣呢?」

蒂蒂:「嗯,會變這樣吧……」

$$b_3 = b_2 \qquad \text{…………若 } n=2 \text{ 的算式④}$$

我:「沒錯,而我們想證明 $n=1$、$n=2$、$n=3$……不論 n 是哪個自然數,算式④都會成立。」

蒂蒂:「瞭解!但是自然數有**無限多個**……這是大問題吧。」

我:「沒錯。**自然數有無限多個**,確實是大問題。證明 $b_2 = b_1$,再證明 $b_3 = b_2$……一個個證明絕對行不通,因為自然數有無限多個,永遠都證明不完。」

蒂蒂:「沒錯!永遠都證明不完!」

蒂蒂興奮地點頭。

我:「這時即需要**數學歸納法**。我們再看一遍剛才所說的『兩個步驟』吧,來看步驟 A。」

4.11 步驟 A

數學歸納法的「兩個步驟」

步驟 A 先注意這個部分↓

　　說明以下事項：

　　若 $n=1$，算式④成立。

步驟 B

　　說明以下事項：

　　若 $n=k$，算式④成立，

　　則若 $n=k+1$，算式④亦成立。

我：「步驟 A 是『說明若 $n=1$，算式④成立』，妳知道這是什麼意思嗎？」

蒂蒂：「呃……這個……」

我：「我覺得蒂蒂應該知道。」

蒂蒂：「嗯，如果我說錯，請別笑我。『說明若 $n=1$，算式④成立』是指『說明為什麼 $b_2=b_1$』嗎？」

我：「沒錯。」

蒂蒂：「太好了！不過，我總覺得有點虛張聲勢，『若 $n=1$ ……』這種文謅謅的開頭，卻得到這種結論。」

蒂蒂用圓滾滾的眼睛看著我。

我：「是啊，好像有點虛張聲勢，不過，出題者是為了使題目格式與**數學歸納法**的形式相同，才這麼做的。」

蒂蒂：「數學歸納法的形式啊……」

我：「對了，蒂蒂知道怎麼證明 $b_2 = b_1$ 嗎？」

蒂蒂：「咦？嗯……我不曉得怎麼證明，不過剛才已經求出 $b_1 = 3$ 且 $b_2 = 3$，所以 $b_2 = b_1$ 應該會成立吧！」

我：「沒錯！這就是最完美的證明方式，蒂蒂。」

蒂蒂：「是嗎？證明不是要用看起來很複雜的算式嗎？」

我：「沒有人規定一定要用複雜的算式來證明。b_2 和 b_1 都等於 3，所以 $b_2 = b_1$，這就是漂亮的證明。」

蒂蒂：「是。」

我：「數學歸納法的步驟 A 到此為止，接著看步驟 B 吧！」

蒂蒂：「好！」

4.12 步驟 B

我：「接著看步驟 B 吧，這是數學歸納法的核心。」

數學歸納法的「兩個步驟」

步驟 A

　　說明以下事項：

　　若 $n=1$，算式④成立。

步驟 B　注意這個部分↓

　　說明以下事項：

　　若 $n=k$，算式④成立，

　　則若 $n=k+1$，算式④亦成立。

蒂蒂：「步驟 B 好難懂！」

我：「別慌張，先仔細看一遍吧。這部分的文字有兩個關鍵——『k 的情形』與『$k+1$ 的情形』。」

蒂蒂：「有兩種情形……」

　　蒂蒂的表情因為聽不懂而顯得不好意思。
　　我搔搔頭，不曉得怎麼說明才能讓她理解。

我：「啊！把它想成**推倒骨牌**吧！」

蒂蒂：「呃，學長是指推倒一張，後面就會啪嗒啪嗒……倒下的骨牌嗎？」

我：「沒錯，步驟 A 等於『推倒第一張骨牌』。」

步驟 A 是「推倒第一張骨牌」

蒂蒂：「這樣啊……」

我：「步驟 B 可以想成，對於任何自然數 k 而言，『如果推倒第 k 張骨牌，第 $k+1$ 張也會倒下』。」

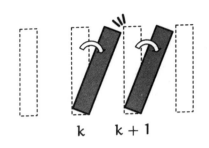

步驟 B 想成對於任何自然數 k 而言，
「如果推倒第 k 張骨牌，第 $k+1$ 張也會倒下」

蒂蒂：「意思是說，這張骨牌被推倒，下一張會跟著倒下吧！」

我：「沒錯，只要步驟 A 和步驟 B 皆成立，即能夠證明不管 n 是哪個自然數，第 n 張骨牌皆會倒下，即使是第一百張骨牌也會倒下！」

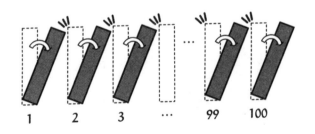

即使是第一百張骨牌也會倒下

蒂蒂：「啊！沒錯！」

- 推倒第一張骨牌。
  （推論自步驟 A）

- 第一張骨牌若被推倒，
  則下一張，即第二張骨牌，亦會倒下。
  （推論自步驟 B，$k=1$ 的情形）

- 第二張骨牌若被推倒，
  則下一張，即第三張骨牌，亦會倒下。
  （推論自步驟 B，$k=2$ 的情形）

- 第三張骨牌若被推倒，
  則下一張，即第四張骨牌，亦會倒下。
  （推論自步驟 B，$k=3$ 的情形）
  …

- 第九十九張骨牌若被推倒，
  則下一張，即第一百張骨牌，亦會倒下。
  （推論自步驟 B，$k=99$ 的情形）

- 因此，可斷定第一百張骨牌會倒下。

我：「就是這樣，這和**數學歸納法**是一樣的意思。」

蒂蒂：「學長，我懂了！『骨牌被推倒』和『算式④成立』是
　　　一樣的意思吧！」

我：「正是如此！」

- 若 $n=1$，算式④成立。
  （推論自步驟 A）

- 若 $n=1$，算式④成立，
  則 $n=2$，算式④亦會成立。
  （推論自步驟 B，$k=1$ 的情形）

- 若 $n=2$，算式④成立，
  則 $n=3$，算式④亦會成立。
  （推論自步驟 B，$k=2$ 的情形）

- 若 $n=3$，算式④成立，
  則 $n=4$，算式④亦會成立。
  （推論自步驟 B，$k=3$ 的情形）
  ……

- 若 $n=99$，算式④成立，
  則 $n=100$，算式④亦會成立。
  （推論自步驟 B，$k=99$ 的情形）

- 因此，若 $n=100$，算式④亦會成立。

蒂蒂：「現在我知道為什麼要用推倒骨牌來比喻了！步驟 B 證明『若 $n=k$，算式④成立，則 $n=k+1$，算式④亦成立』，等於是證明下一張骨牌一定會倒下！」

我：「沒錯！」

蒂蒂：「學長，我終於明白數學歸納法到底在做什麼！證明數學歸納法的『兩個步驟』，等於證明對於任何自然數 n 而言，算式④都會成立。如同推倒骨牌！」

我：「沒錯！蒂蒂。」

蒂蒂：「但是我只看學科能力測驗的題目，絕對沒辦法聯想到這一點。這麼多 n 和 k 的符號，完全無法使人聯想到推倒骨牌！」

我：「妳說的沒錯。接下來，我們回到學科能力測驗的問題吧。剛才我們討論的『步驟 A』和『步驟 B』，其實是學科能力測驗出題者所說的〔I〕和〔II〕。」

4.13 題目 3

題目 3（上接第 147 頁的題目 2）

〔I〕若 $n=1$，由 $b_1=3$、$b_2=3$ 可知算式④成立。

〔II〕假設 $n=k$，算式④成立：

$$b_{k+1}=b_k \quad \cdots\cdots\cdots⑤$$

欲討論算式④ $n=k+1$ 的情形，可先將算式②的 n 以 2k 代入，或以 $2k-1$ 代入，所得的等式分別為：

$$b_{k+2}=\frac{c_k+\boxed{ㄅ}_{k+1}}{\boxed{ㄊ}_{k+1}} \; , \; c_{k+1}=\frac{\boxed{ㄋ}_k+c_k}{\boxed{ㄅ}_{k+1}}$$

可將 b_{k+2} 表示成：

$$b_{k+2}=\frac{(\boxed{ㄍ}_k+\boxed{ㄎ}_{k+1})\boxed{ㄏ}_{k+1}}{b_k+c_k}$$

由算式⑤可知 $b_{k+2}=b_{k+1}$ 會成立，所以若算式④的 $n=k+1$，此式亦會成立。

由〔I〕和〔II〕得證，對於所有自然數 n 而言，算式④皆會成立，因此，算式③亦會成立，而數列 $\{b_n\}$ 的一般項為 $b_n=3$。

（題目結束）

蒂蒂：「哇……又出現很複雜的算式……」

我：「雖然看起來很複雜，但按照數學歸納法的『兩個步驟』思考，妳會發現它們的形式一樣。」

蒂蒂：「可以想成推倒骨牌嗎？」

我：「可以，我們慢慢讀吧！」

蒂蒂：「是！」

〔I〕若 $n=1$，由 $b_1=3$、$b_2=3$ 可知算式④成立。

我：「〔I〕相當於『步驟 A』，也就是說……」

蒂蒂：「我知道！如同推倒第一張骨牌！」

我：「蒂蒂相當喜歡推倒骨牌的比喻呢！」

〔II〕假設 $n=k$，算式④成立：

$$b_{k+1}=b_k \qquad \cdots\cdots\cdots\cdots ⑤$$

我：「〔II〕是『步驟 B』的前半段，因為是『$n=k$』的情形，所以對應的是『推倒第 k 張骨牌』。」

蒂蒂：「嗯——所以我們現在是要證明『若推倒第 k 張骨牌』，則『第 $k+1$ 張骨牌也會倒下』嗎？」

我：「沒錯，妳已經明白囉。這裡的重點是，從此以後，我們可以任意使用等式『$b_{k+1}=b_k$』。」

蒂蒂：「這是什麼意思？」

我：「接下來的證明過程，可以將『$b_{k+1}=b_k$』當作已知條件。我們想知道如果推倒第 k 張骨牌，下一張骨牌會不會倒下。而假設『$b_{k+1}=b_k$』成立，且當作已知條件，將是解開這道題目的關鍵。」

蒂蒂：「原來如此……」

欲討論算式④ $n=k+1$ 的情形，可先將算式②的 n 以 $2k$ 代入，或以 $2k-1$ 代入，所得到的等式分別為：

$$b_{k+2}=\frac{c_k+\boxed{ㄅ}_{k+1}}{\boxed{ㄊ}_{k+1}} \ , \ c_{k+1}=\frac{\boxed{ㄋ}_k+c_k}{\boxed{ㄌ}_{k+1}}$$

我：「好複雜！……蒂蒂是不是這樣想呢？」

蒂蒂：「沒錯……好複雜！」

我：「不過，其實這個部分是出題者故意寫給作答者的**引導**喔，老實地依循引導解題，即能成功解題。」

蒂蒂：「什麼是『依循引導解題』呢？」

我：「這是指做題目要妳做的事。依循題目的提示，將算式②的 n 以 $2k$ 代入。如此一來，便能得到如下式子……」

$$a_{n+3} = \frac{a_n + a_{n+1}}{a_{n+2}} \qquad 算式②$$

$$\Downarrow$$

$$a_{2k+3} = \frac{a_{2k} + a_{2k+1}}{a_{2k+2}} \qquad 依循引導，代入 \ n = 2k$$

蒂蒂：「不過，雖然將 $2k$ 代入 n，的確可以得到這式子，但我想知道『為什麼題目要我們用 $2k$ 代入』。」

我：「這件事的確讓人在意，出題者似乎想引導我們用數列 $\{b_n\}$ 和 $\{c_n\}$ 來表示。」

蒂蒂：「咦？剛才我們寫的是和 $\{a_n\}$ 有關的式子吧？為什麼會用到 $\{b_n\}$ 呢？」

我：「妳看，b_n 和 c_n 可以分別定義成 $b_n = a_{2n-1}$ 和 $c_n = a_{2n}$，很容易轉換吧？」

蒂蒂：「可以等我一下嗎？」

蒂蒂把我們寫過的東西，重新讀一遍。

蒂蒂：「真的耶。數列 $\{b_n\}$ 是由數列 $\{a_n\}$ 的奇數項組成的數

列，數列 $\{c_n\}$ 則是由偶數項組成的數列。」

- 數列 $\{b_n\}$ 是由 a_1、a_3、a_5、a_7、a_9……組成的數列
- 數列 $\{c_n\}$ 是由 a_2、a_4、a_6、a_8、a_{10}……組成的數列

我：「妳只需依循引導去計算，小心不要計算錯誤喔！」

蒂蒂：「好的……」

4.14　依循題目的引導 1

我：「我們依循題目的引導來計算吧！」

$$a_{n+3} = \frac{a_n + a_{n+1}}{a_{n+2}} \qquad \text{算式②}$$

$$a_{2k+3} = \frac{a_{2k} + a_{2k+1}}{a_{2k+2}} \qquad \text{以 } 2k \text{ 代入算式②的 } n$$

$$a_{2(k+2)-1} = \frac{a_{2k} + a_{2k+1}}{a_{2k+2}} \qquad \text{將 } 2k+3 \text{ 轉換為 } 2(k+2)-1$$

$$b_{k+2} = \frac{a_{2k} + a_{2k+1}}{a_{2k+2}} \qquad \text{（下標為奇數）}$$
將 $a_{2(k+2)-1}$ 轉換為 b_{k+2}

$$b_{k+2} = \frac{c_k + a_{2k+1}}{a_{2k+2}} \qquad \text{（下標為偶數）}$$
將 a_{2k} 轉換為 c_k

$$b_{k+2} = \frac{c_k + a_{2(k+1)-1}}{a_{2k+2}} \qquad \text{將 } 2k+1 \text{ 轉換為 } 2(k+1)-1$$

$$b_{k+2} = \frac{c_k + b_{k+1}}{a_{2k+2}} \qquad \text{（下標為奇數）}$$
將 $a_{2(k+1)-1}$ 轉換為 b_{k+1}

$$b_{k+2} = \frac{c_k + b_{k+1}}{a_{2(k+1)}} \qquad \text{將 } 2k+2 \text{ 轉換為 } 2(k+1)$$

$$b_{k+2} = \frac{c_k + b_{k+1}}{c_{k+1}} \qquad \text{（下標為偶數）}$$
將 $a_{2(k+1)}$ 轉換為 c_{k+1}

蒂蒂：「嗯……看起來好困難。」

我：「其實這只是把一個數列轉換成 $a_{奇數}$ 的形式，再轉換成數列 $\{b_n\}$；把另一個數列轉換成 $a_{偶數}$ 的形式，再轉換成數列 $\{c_n\}$。最後得到的算式如下……」

$$b_{k+2}=\frac{c_k+b_{k+1}}{c_{k+1}}\qquad\text{所得算式 1}$$

蒂蒂：「不過，考試的時候，我應該想不到要用這種方式解題吧……」

我：「不會，仔細看題目，下面的部分是在告訴妳，要將算式轉變成『$b_{k+2}=\cdots\cdots$』的形式！」

$$b_{k+2}=\frac{c_k+\boxed{\text{ㄅ}}_{k+1}}{\boxed{\text{ㄊ}}_{k+1}}\qquad\text{題目下面的部分}$$

蒂蒂：「啊！」

我：「而且，這裡很貼心地寫成 $\boxed{\text{ㄅ}}_{k+1}$ 和 $\boxed{\text{ㄊ}}_{k+1}$，幫妳加下標 $k+1$。接下來，妳只要比較題目和所得算式 1。」

蒂蒂：「比較……我知道，$\boxed{\text{ㄅ}}$ 是 b，$\boxed{\text{ㄊ}}$ 是 c 吧！」

我：「正是如此。」

4.15　依循題目的引導 2

我：「接著，像剛才一樣，依循題目的引導，計算 c_{k+1}，求出 $\boxed{\text{ㄋ}}$ 和 $\boxed{\text{ㄌ}}$。」

$$a_{n+3} = \frac{a_n + a_{n+1}}{a_{n+2}} \qquad \text{算式②}$$

$$a_{2k-1+3} = \frac{a_{2k-1} + a_{2k-1+1}}{a_{2k-1+2}} \qquad \text{以 } 2k-1 \text{ 代入算式②的 } n$$

$$a_{2k+2} = \frac{a_{2k-1} + a_{2k}}{a_{2k+1}} \qquad \text{計算下標}$$

$$a_{2(k+1)} = \frac{a_{2k-1} + a_{2k}}{a_{2(k+1)-1}} \qquad \text{整理下標，準備轉換}$$

$$c_{k+1} = \frac{a_{2k-1} + c_k}{a_{2(k+1)-1}} \qquad \text{若下標是偶數，轉換成 } \{c_n\}$$

$$c_{k+1} = \frac{b_k + c_k}{b_{k+1}} \qquad \text{若下標是奇數，轉換成 } \{b_n\}$$

蒂蒂：「真的和剛才的敘述很像耶，所得算式是下列式子！」

$$c_{k+1} = \frac{b_k + c_k}{b_{k+1}} \qquad \text{所得算式 2}$$

我：「拿來和題目比較吧！」

$$c_{k+1} = \frac{\boxed{ㄋ}_k + c_k}{\boxed{ㄌ}_{k+1}} \qquad \text{題目}$$

蒂蒂：「$\boxed{ㄋ}$ 是 b，$\boxed{ㄌ}$ 也是 b！」

我：「依循題目的引導，即可成功解題！」

蒂蒂：「真的……」

4.16　依循題目的引導 3

蒂蒂：「接下來還是得一句句讀題目嗎？」

我：「是啊，計算的部分只剩一點。」

---

b_{k+2} 可表示為：

$$b_{k+2} = \frac{(\boxed{《}_k + \boxed{ㄅ}_{k+1}) \boxed{ㄏ}_{k+1}}{b_k + c_k}$$

我：「這是證明步驟 B 的後半段 $b_{k+2} = b_{k+1}$，必經的過程。」

蒂蒂：「學長，這看起來相當複雜……」

我：「放心，題目會仔細引導我們解題，並不困難。利用所得算式 1 和所得算式 2，能順利求出 b_{k+2}。」

$$\begin{cases} b_{k+2} = \dfrac{c_k + b_{k+1}}{c_{k+1}} & \text{所得算式 1} \\[3mm] c_{k+1} = \dfrac{b_k + c_k}{b_{k+1}} & \text{所得算式 2} \end{cases}$$

蒂蒂：「一切會……順利嗎？」

我：「把所得算式 1 和所得算式 2 聯立，消掉 c_{k+1}，亦即以所得算式 2 代入所得算式 1 的 c_{k+1}，不過我們要算的其實是所得算式 2 的倒數。」

$$\begin{aligned} b_{k+2} &= \frac{c_k + b_{k+1}}{c_{k+1}} && \text{所得算式 1} \\[2mm] &= (c_k + b_{k+1}) \cdot \frac{1}{c_{k+1}} && \text{提出 } c_{k+1} \text{ 的倒數} \\[2mm] &= (c_k + b_{k+1}) \cdot \frac{b_{k+1}}{b_k + c_k} && \text{代入所得算式 2 的倒數} \\[2mm] &= \frac{(c_k + b_{k+1}) b_{k+1}}{b_k + c_k} && \text{整理算式} \end{aligned}$$

蒂蒂：「喔……會變成這樣啊！」

$$b_{k+2} = \frac{(c_k + b_{k+1}) b_{k+1}}{b_k + c_k} \qquad \text{所得算式 3}$$

我：「和原題目比較吧！」

$$b_{k+2} = \frac{(\boxed{\langle\langle}_k + \boxed{\text{ㄅ}}_{k+1})\,\boxed{\text{ㄏ}}_{k+1}}{b_k + c_k} \qquad \text{題目}$$

蒂蒂:「比較……$\boxed{\langle\langle}$ 是 c,$\boxed{\text{ㄅ}}$ 是 b,$\boxed{\text{ㄏ}}$ 也是 b!」

我:「接下來只剩最後的證明。」

蒂蒂:「學長……」

我:「只剩一點,加油!」

4.17　最後的證明

> 因此,由⑤可知等式 $b_{k+2} = b_{k+1}$ 成立,所以若 $n = k+1$,
> 算式④成立。

蒂蒂:「⑤是什麼呢?呃……嗯……」

我:「⑤是『第 k 張骨牌』!剛才我說,這個等式『將是解開
這道題目的關鍵』,就是指此刻!」

蒂蒂:「真的!」

$$b_{k+1} = b_k \qquad \cdots\cdots\cdots\cdots\cdots ⑤$$

我:「利用⑤,可消去所得算式 3 的 b_k,證明完畢!」

$$b_{k+2} = \frac{(c_k + b_{k+1})b_{k+1}}{b_k + c_k} \qquad \text{所得算式 3}$$

$$= \frac{(c_k + b_{k+1})b_{k+1}}{b_{k+1} + c_k} \qquad \text{利用⑤的 } b_{k+1} = b_k$$

$$= \frac{(b_{k+1} + c_k)b_{k+1}}{b_{k+1} + c_k} \qquad \text{整理算式}$$

$$= \frac{(b_{k+1} + c_k)b_{k+1}}{b_{k+1} + c_k} \qquad \text{將 } b_{k+1} + c_k \text{ 約分掉}$$

$$b_{k+2} = b_{k+1} \qquad \text{所得算式}$$

蒂蒂：「漂亮約分！」

我：「是啊，因為 $b_{k+1} + c_k \neq 0$，所以能放心地約分。如此一來，我們便成功證明──若『$b_{k+1} = b_k$』成立，則『$b_{k+2} = b_{k+1}$』也會成立，亦即證明『步驟B』和〔Ⅱ〕！換句話說，我們成功證明，若『推倒第 k 張骨牌』，則『第 $k+1$ 張骨牌也會倒下』！」

蒂蒂：「哇……」

我：「最後，用數學歸納法的既定格式說明一遍吧！」

> 由〔Ⅰ〕、〔Ⅱ〕可證明，對於所有自然數 n 而言，算式④皆成立，所以算式③亦會成立，數列 $\{b_n\}$ 的一般項為 $b_n = 3$。

4.18 回歸正題

我：「計算的部分的確有點麻煩，但只要依循題目的引導解題，即能應付得來！」

蒂蒂：「是啊，因為計算繁複，所以只看一遍會不懂題目在講什麼。不過，對應於推倒骨牌的過程會比較好懂，但是……」

我：「但是？」

蒂蒂：「學長……很感謝你這麼認真地教我，但是我總覺得……有些地方……好像有點偏離主題……對不起。」

我：「偏離主題？」

蒂蒂：「我的問題是『自然數有無限多個，該怎麼證明』，而學長告訴我數學歸納法如同推倒骨牌，讓我有『原來如此』的感覺，但是好像沒解決我的問題。」

我：「這樣啊。」

米爾迦：「沒解決什麼？」

蒂蒂：「米爾迦學姐！」

　　米爾迦是我的同班同學，是個數學才女。她把蒂蒂的疑問都靜靜聽在心裡。

米爾迦：「嗯，蒂蒂是在意『是否可用有限來證明無限』吧？」

蒂蒂：「我也不知道……但我似乎被『無限』的概念困住……」

我：「無限啊……」

蒂蒂：「無限真難懂。」

米爾迦：「無限的確很難懂，數學該怎麼處理『無限』是一大問題。數學歸納法並沒提到『無限』這個詞，也不曾出現『無數』。」

蒂蒂：「啊……」

我：「的確。」

米爾迦：「數學歸納法小心翼翼地避開『無限』與『無數』等用語，例如，題目通常會寫，對於任何自然數 n……」

我：「沒錯，真的是這樣。」

米爾迦：「數學歸納法不是利用無限的概念，來證明與無限相關的定理。數學歸納法在推導過程中，須注意不要陷入無限的禁錮，因此，得用邏輯的力量……」

蒂蒂：「邏輯的力量……」

我：「運用『兩個步驟』即能對抗『無限』這個難題吧！」

米爾迦：「沒錯。」

　　米爾迦彈一下手指。

米爾迦：「證明過程和自然數有關，是數學歸納法的重點，也是本質。」

蒂蒂：「咦？」

米爾迦：「因為**定義**自然數所用的方法和數學歸納法一樣，都是**皮雅諾公理**。」

瑞谷老師：「放學時間到。」

　　瑞谷老師的一句話，使我們的數學對話告一段落。

　　藉著學科能力測驗的題目，我和蒂蒂說明了數學歸納法的過程，透過說明「兩個步驟」以及推倒骨牌的比喻，釐清想法。避開無限的禁錮，只以「兩個步驟」便能捉到無限的證明法便是數學歸納法。

　　　　　　　　　　　　　　「只要試著踏出第一步。」

第 4 章的問題

●問題 4-1（遞迴式）

假設數列 $\{F_n\}$ 以下列遞迴式定義，請求此數列前十項（F_1、F_2、F_3……F_{10}）的數值。

$$\begin{cases} F_1 &= 1 \\ F_2 &= 1 \\ F_n &= F_{n-1} + F_{n-2} \quad (n=3,4,5\cdots\cdots) \end{cases}$$

（解答在第 244 頁）

●問題 4-2（一般項）

下表列出數列 $\{a_n\}$ 的前十項，請推論一般項 a_n，並以 n 表示。

n	1	2	3	4	5	6	7	8	9	10	…
a_n	-1	3	-5	7	-9	11	-13	15	-17	19	…

（解答在第 245 頁）

●問題 4-3（數學歸納法）

請利用數學歸納法證明，對於任意正整數 $n = 1, 2, 3\cdots\cdots$
下列等式皆成立。

$$1 + 2 + 3 + \cdots + n = \frac{n(n+1)}{2}$$

（解答在第 246 頁）

●問題 4-4（數學歸納法）

請利用數學歸納法證明，對於任意正整數 $n = 1, 2, 3\cdots\cdots$
下列等式皆成立。

$$F_1 + F_2 + F_3 + \cdots + F_n = F_{n+2} - 1$$

其中，數列 $\{F_n\}$ 請依照問題 4-1 的方式定義。

（解答在第 248 頁）

第 5 章

魔術時鐘的製作方法

「明明從未見過，為什麼你確定能做出來呢？」

5.1 我的房間

由梨：「哥！聽我說！把眼睛閉起來！」

我：「打臉七遍、一起來？」

由梨：「我才沒那麼暴力！ 我是說，把‧眼‧睛‧閉‧起‧
來！」

我：「可以請您說日語嗎？」

由梨：「別鬧了！快點把眼睛閉起來啦！」

我：「好啦。」

5.2 魔術時鐘

由梨：「鏘鏘！眼睛可以睜開囉！」

我睜開眼睛，看到桌子上放著一台機器。

我：「這是什麼奇怪的機器？」

由梨：「這是魔術時鐘！」

我：「魔術時鐘？」

由梨：「因為有三個時鐘排在一起，所以叫作魔術時鐘……」

　　我觀察這三個排在一起的時鐘。

我：「妳說這是時鐘，但它們只有一根針，數字也不夠啊！」

由梨：「這就是魔術啊，左邊的時鐘是『2 的時鐘』。」

2 的時鐘

我：「中間的時鐘，有三個數字耶。」

由梨：「是啊，這是『3 的時鐘』。」

3 的時鐘

我：「右邊的時鐘有五個數字，該不會是『5 的時鐘』吧？」

由梨：「是不是很有趣啊？」

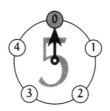

5 的時鐘

5.3　轉動魔術時鐘

我：「這怎麼標示時間呢？它沒在動耶！」

由梨：「嘿，這是可以數數的時鐘！」

我：「咦？」

由梨：「你看，這裡有兩個**按鈕**吧？」

我：「是，上面寫著 RESET 和 COUNT。」

RESET 和 COUNT

由梨：「按下RESET鈕，三個時鐘的指針會都歸零，展開時鐘
　　　的魔術表演！這是**排列模式 000**！」

按下 RESET 鈕，都歸零
（排列模式 000）

我：「嗯，然後呢？」

　　由梨相當有條理地向我說明魔術時鐘的運作。她本來是會
大叫「好麻煩」的女孩，這時卻顯得格外有毅力。

由梨：「每按一次 COUNT 鈕，指針便前進一格……」

我：「原來如此，三個時鐘的指針都會前進一格啊。」

每按一次 COUNT 鈕，三個時鐘的指針都會前進一格
（排列模式 111）

由梨：「認真一點啦，哥哥不專心！」

今天由梨的說話方式有點像老師，不過其實更像……我平常對她說話的方式。

我：「好，我有在看，由梨老師。」

由梨：「你看得出來指針是按照什麼規則前進嗎？」

我：「嗯，三個時鐘的指針都前進一格，所以三個都變成 1，排列模式變成 111。」

由梨：「再按一次 COUNT 鈕，你覺得會變怎樣？」

我：「當然是全部往前一格。」

由梨：「試試看！按一下！」

按兩下 COUNT 鈕的情形
（排列模式 022）

我：「你看吧！全部往前一格，變成排列模式 022。」

由梨：「做得不錯，『2 的時鐘』是不是歸零了呢？所以，重
　　　點在於『即使指針一直前進，數字也不一定會越來越
　　　大』。注意囉，這裡考試會考喔！」

我：「妳在說什麼啊，好像老師。」

由梨：「嘿……」

我：「對了，由梨，哥哥想借一下這個，可以嗎？」

由梨：「可以。」

　　我又按一下 COUNT 鈕，指針前進一格。「2 的時鐘」變成
1、「3 的時鐘」變成 0、「5 的時鐘」變成 3，排列模式是 103。

按三下 COUNT 鈕的情形

（排列模式 103）

我：「真的很有趣，『3 的時鐘』歸零了。」

由梨：「是啊！繞一圈回到原點！」

　　我們又按一下 COUNT 鈕，排列模式變成 014。

按四下 COUNT 鈕的情形

（排列模式 014）

我：「如果再按一次 COUNT 鈕，『5 的時鐘』會變成 0。」

由梨：「繞一圈回到原處。」

按五下 COUNT 鈕的情形
（排列模式 120）

我按下按鈕，指針又前進一格。

我：「嗯，這次是左邊的兩個時鐘歸零……」

按六下 COUNT 鈕的情形
（排列模式 001）

由梨：「OK！哥哥暫停一下！」

我：「為什麼？」

由梨：「哥哥記得到目前為止按了幾下嗎？」

我：「六下，我有在算。」

5.4 魔術時鐘的問題

由梨:「現在,由梨要出一個魔術時鐘的問題!」

魔術時鐘的問題

按下 RESET 鈕,排列模式將變回 000。

排列模式 000

每按一次 COUNT 鈕,三個時鐘皆會前進一格。請問要按幾下 COUNT 鈕,排列模式才會變成 024 呢?

要按幾下 COUNT 鈕,排列模式才會變成 024 呢?

我：「原來如此，沒辦法一眼看出答案呢！」

由梨：「哥哥有沒有辦法在不按 COUNT 鈕的情況下，想出答案呢喵？」

由梨淘氣地看著我。
我沉思。
由梨已好久沒有出題目給我。

我：「嗯，直接按按看，就知道啦。」

由梨：「啊，不行！用想的，不要按啦！」

5.5　依序思考「2 的時鐘」

我：「好吧，我們依序思考吧。首先，這裡有三個時鐘。」

由梨：「沒錯。」

我：「先看最左邊『2 的時鐘』吧。我按下COUNT鈕，『2 的時鐘』會從 0 變 1，或從 1 變 0。」

「2 的時鐘」

由梨：「對。」

我：「目標是 024，『2 的時鐘』應指向 0，也就是說，我們可以推論，按 COUNT 鈕的次數必須是『偶數次』！」

- 排列模式為 024，「2 的時鐘」是 0，
  所以按 COUNT 鈕的次數必為「偶數」。

由梨：「喔……果然是高中生。」

我：「別這麼說……接下來，用同樣方法來依序思考其他時鐘吧！」

由梨：「嗯。」

5.6　依序思考「3 的時鐘」

我：「我按下 COUNT 鈕，『3 的時鐘』會照著 $0 \rightarrow 1 \rightarrow 2 \rightarrow 0 \rightarrow 1 \rightarrow 2$ ……的順序轉動指針。」

由梨：「沒錯。」

我：「目標是轉出 024，則『3 的時鐘』應指向 2，由此可推論，按 COUNT 鈕的次數必須是『除以 3，餘 2』的數！」

由梨：「什麼？『除以 3，餘 2』是什麼意思？」

我：「咦？意思是某數除以 3 的餘數是 2，如同『3 的時鐘』會

依 0 → 1 → 2 → 0 → 1 → 2 ……的順序轉動指針，數字重複出現。」

• 按 0 下 COUNT 鈕，則「3 的時鐘」會指向 0。
• 按 1 下 COUNT 鈕，則「3 的時鐘」會指向 1。
• 按 2 下 COUNT 鈕，則「3 的時鐘」會指向 2。
• 按 3 下 COUNT 鈕，則「3 的時鐘」會指向 0。
• 按 4 下 COUNT 鈕，則「3 的時鐘」會指向 1。
• 按 5 下 COUNT 鈕，則「3 的時鐘」會指向 2。
  ⋮

由梨：「……」

我：「所以，按的次數除以 3 所得的**餘數**，就是『3 的時鐘』所指的數字。」

由梨：「哥哥啊——你有特別去記這種事嗎？為什麼會突然蹦出『餘數』這個詞啊？」

我：「嗯，我有記啦，因為如果題目提到時鐘、日曆等『會重複繞圈』的東西，多半和『餘數』有關。」

由梨：「的確如此……」

我：「妳可以想……按三次，『3 的時鐘』的指針會回到 0，所以按三次、六次、九次、十二次……換句話說，只要按 COUNT 鈕的次數是 3 的倍數，即等於『沒按』，因此可以分成三種情形……」

　　　按「3 的倍數 + 0」次 …… 「3 的時鐘」指向 0
　　　按「3 的倍數 + 1」次 …… 「3 的時鐘」指向 1
　　　按「3 的倍數 + 2」次 …… 「3 的時鐘」指向 2

由梨：「啊，真的耶。」

我：「因為目標是 024，『3 的時鐘』應指向 2，所以由此可推論，按的次數是『除以 3，餘 2』的數。」

由梨：「這無所謂啦──但只想到這些，還是不曉得要按幾次啊！」

我：「線索增加了啊。」

- 要轉出 024，「2 的時鐘」應指向 0，
  所以按鈕次數為「偶數」。
- 要轉出 024，「3 的時鐘」應指向 2，
  所以按鈕次數為「除以 3，餘 2 的數」。

我：「偶數也是『除以 2，餘 0』的數吧？」

- 要轉出 024，「2 的時鐘」應指向 0，
  所以按鈕次數為「除以 2，餘 0 的數」。

- 要轉出 024，「3 的時鐘」應指向 2，
  所以按鈕次數為「除以 3，餘 2 的數」。

由梨：「喔……」

我：「此即依序思考，因為我們用了三個時鐘，所以得一個個推論結果。」

由梨：「嗯，做得不錯嘛！」

5.7 依序思考「5 的時鐘」

我：「用同樣的方式思考『5 的時鐘』吧！要轉出 024，『5 的時鐘』應指向 4……線索有三個！」

- 要轉出 0<u>2</u>4，「2 的時鐘」應指向 <u>0</u>，
  所以按鈕次數為「除以 2，餘 <u>0</u> 的數」。
- 要轉出 0<u>2</u>4，「3 的時鐘」應指向 <u>2</u>，
  所以按鈕次數為「除以 3，餘 <u>2</u> 的數」。
- 要轉出 02<u>4</u>，「5 的時鐘」應指向 <u>4</u>，
  所以按鈕次數為「除以 5，餘 <u>4</u> 的數」。

由梨：「喔——然後呢？然後呢？」

5.8 除以 5 餘 4 的數

我：「我們想知道 COUNT 鈕該按幾次……順帶一提，『除以 5，餘 4 的數』就是 4、9、14、19……等數，換句話說，COUNT 鈕該按的次數即在下列數字當中。」

$$4 \cdot 9 \cdot 14 \cdot 19 \cdots\cdots$$

由梨：「咦？為什麼你可以這麼快地寫出來？」

我：「嗯，首先，4 當然會符合條件吧，因為 4 除以 5，商是 0，餘數是 4。」

$$4 \div 5 = 0 \cdots 4$$

由梨：「嗯。」

我：「接下來，只需一直加 5，因為不管加幾次 5，除以 5 的餘數都不會變。」

由梨：「原來如此，所以包含 4、4+5＝9、9+5＝14、14+5 ＝19……」

我：「是啊，按 COUNT 鈕的次數會是 4、9、14、19……的其中之一。不過，由『2 的時鐘』提供的線索可知，按鈕次數是『偶數次』，按鈕次數會是 4 次、14 次……等。」

由梨：「瞭解！」

我：「接著，利用『3 的時鐘』提供的線索，檢查『除以 3 的餘數』是否為 2。」

- 按鈕次數是 4，除以 3 的餘數為 1，
  餘數不是 2……
- 按鈕次數是 14，除以 3 的餘數為 2，
  就是這個！

由梨：「喔！」

我：「答案是 14 吧！驗算一下！」

- 14 除以 2 的餘數為 0，OK！
- 14 除以 3 的餘數為 2，OK！
- 14 除以 5 的餘數為 4，OK！

由梨：「非得這麼做嗎……」

我：「不！我沒說非得這麼做喔！」

由梨：「哇，你幹嘛這麼大聲？」

我：「妳不能被『非得這麼做』束縛，侷限自己的想法。解題的方法不會只有一種，這只是哥哥的想法，依序思考、留意餘數⋯⋯由梨會怎麼做呢？」

由梨：「一直按 COUNT 鈕喵──」

我：「呃，妳還是想按啊！」

由梨：「不行嗎？不要侷限想法嘛！」

我：「是啦，實際操作的確是個好方法。」

魔術時鐘的解答（？）
按十四次 COUNT 鈕，能達到我們的目標──排列模式 024。

5.9　繞一圈回到原點

由梨：「啊！這個答案不對！」

我：「哪裡不對？」

由梨：「不只有 14 的排列模式是 024！」

我：「咦？」

由梨：「因為……繼續按 COUNT 鈕，說不定會繞一圈回到原點，也就是排列模式 024。」

我：「的確如此，可以這麼說……」

由梨：「你可以寫在紙上幫助思考喔！」

我：「來寫看看吧。令 N 為排列模式 024 所需的按鈕次數。」

由梨：「出現了！『令 N 為……』！」

我：「是啊，與其用『排列模式 024 所需的按鈕次數』這冗長的講法，不如用 N 來代替。」

- N 為「除以 2 的餘數為 0」（偶數）。
- N 為「除以 3 的餘數為 2」。
- N 為「除以 5 的餘數為 4」。

由梨：「先從『除以 5 的餘數為 4』開始嗎？」

我：「可以啊，從這裡開始吧。『若除以 5 的餘數為 4』……」

$$4 \text{、} 9 \text{、} 14 \text{、} 19 \text{、} 24 \text{、} 29 \text{、} 34 \text{、} 39 \text{、} 44 \text{、} 49 \text{、} 54 \text{、} 59 \text{、} 64 \cdots\cdots$$

由梨：「這些數的尾數都是 4 和 9！」

我：「是啊，從這些數當中，挑出『偶數』……」

$$4 \text{、} 14 \text{、} 24 \text{、} 34 \text{、} 44 \text{、} 54 \text{、} 64$$

由梨：「啊，只剩下尾數是 4 的數！」

我：「因為我們只選了個位數是偶數的數字。」

由梨：「沒錯。」

我：「這些數對照於『除以 3 的餘數為 2』，個位數是 4 的數有……」

　　2、5、8、11、14 ← 發現！、17、20、23、26、29、
　　　32、35、38、41、44 ← 發現！、47、50……

由梨：「看吧──大於 14 的數當中有符合條件的數字！不只14，44 也可以，一定有比 44 大的數且符合條件啦。」

我：「唉呀，其實不用寫這麼多！」

由梨：「咦，為何？」

我：「14 加 30 即可，我剛才怎麼沒發現？嗯，所以答案是『要轉出排列模式 024，需按 COUNT 鈕的次數』為……」

魔術時鐘的解答

要達到我們的目標：排列模式 024，最少要按COUNT鈕
十四次。

$$14 \cdot 44 \cdot 74 \cdot 104 \cdot 134 \cdot 164\cdots\cdots$$

按鈕次數為「30 的倍數加 14」，所得的排列模式即為
024。

以數學式表示，則為：

$$30n + 14 \qquad (n = 0, 1, 2, 3\cdots\cdots)$$

由梨：「咦？為什麼是 30？這個數是哪來的？」

我：「由梨，按三十次按鈕，這三個時鐘就會繞一圈回到原點。
而 30 是 2、3、5 的乘積。」

$$2 \times 3 \times 5 = 30$$

由梨：「為什麼要乘在一起？」

我：「因為……」

- 「2 的時鐘」按兩次會變回 0。
  換句話說，按「2 的倍數」會是 0。
- 「3 的時鐘」按三次會變回 0。
  換句話說，按「3 的倍數」會是 0。
- 「5 的時鐘」按五次會變回 0。

換句話說，按「5 的倍數」會是 0。

由梨：「然後呢？」

我：「如果按鈕的次數是 2 的倍數，也是 3 的倍數，又是 5 的倍數，所有的時鐘都會繞回 0。」

由梨：「啊！」

我：「剛才說的『是 2 的倍數，也是 3 的倍數，又是 5 的倍數』，是指 2、3、5 的**公倍數**。而 2×3×5 是最小公倍數，因此得到的 30 是**最小公倍數**。」

由梨：「喔！……咦？要求最小公倍數，只要把每個數乘起來嗎？」

我：「不是，把每個數乘起來不一定會得到最小公倍數，但一定是公倍數。」

由梨：「沒錯。」

我：「不過，2、3、5 都是質數吧？三個質數乘起來，就是最小公倍數喔。」

5.10 　用表來思考

由梨：「哥哥，我覺得啊……」

我：「嗯？」

由梨：「照哥哥的想法做，雖然可以算出排列模式 024 所需的按鈕次數，但好像沒辦法『瞬間瞭解』，哥哥的做法好麻煩！」

我：「出現了，由梨的『好麻煩』。」

由梨：「嗯？」

我：「沒事……妳說的對，想要『瞬間瞭解』，可以『**用表來思考**』喔。」

由梨：「用表來思考？」

我：「沒錯，用表即能馬上看出 14 是答案，只需再加 30。」

按 COUNT 鈕的次數與排列模式一覽表

按鈕次數	2 的時鐘	3 的時鐘	5 的時鐘
0	0	0	0
1	1	1	1
2	0	2	2
3	1	0	3
4	0	1	4
5	1	2	0
6	0	0	1
7	1	1	2
8	0	2	3
9	1	0	4
10	0	1	0
11	1	2	1
12	0	0	2
13	1	1	3
⇒14	0	2	4
15	1	0	0
16	0	1	1
17	1	2	2
18	0	0	3
19	1	1	4
20	0	2	0
21	1	0	1
22	0	1	2
23	1	2	3
24	0	0	4
25	1	1	0
26	0	2	1
27	1	0	2
28	0	1	3
29	1	2	4
30	0	0	0

由梨：「哇，做這種表真麻煩！……但是，的確能馬上看懂。」

我：「把指針轉回 0 的地方都劃線標記，應該會比較清楚。」

按 COUNT 鈕的次數與排列模式一覽表（劃線標記）

按鈕次數	2 的時鐘	3 的時鐘	5 的時鐘
0	0	0	0
1	1	1	1
2	0	2	2
3	1	0	3
4	0	1	4
5	1	2	0
6	0	0	1
7	1	1	2
8	0	2	3
9	1	0	4
10	0	1	0
11	1	2	1
12	0	0	2
13	1	1	3
14	0	2	4
15	1	0	0
16	0	1	1
17	1	2	2
18	0	0	3
19	1	1	4
20	0	2	0
21	1	0	1
22	0	1	2
23	1	2	3
24	0	0	4
25	1	1	0
26	0	2	1
27	1	0	2
28	0	1	3
29	1	2	4
30	0	0	0

由梨：「喔……」

我：「劃線可看出三個時鐘轉回 0 的時機會漸漸岔開，而且按到第 30 次，都會變回 0。」

由梨：「真的耶！」

我：「由表可知，按 30 次的結果，和按 0 次一樣，因為按 30 次，排列模式會繞一圈回到原點。」

由梨：「畫成表也不錯，但是魔術時鐘不能弄得更『淺顯易懂』嗎？」

我：「由梨的『淺顯易懂』是指什麼方法呢？」

由梨：「這個嘛……不要有一大堆步驟，但可以有一點計算。」

我：「妳的要求不少嘛。」

　　我思索有沒有其他方法，不過我實在想不到更好的方法，因為不管是哪種排列模式、要按幾次 COUNT 鈕，做表都可看得一清二楚。

由梨：「你還沒想到嗎？」

我：「我正在想啊……」

由梨：「如果時鐘只有一個，應該會簡單許多喵……」

我：「這麼說也沒……咦？」

由梨：「咦？」

我：「這個想法還不賴！把時鐘變成一個，再使指針指向 1！」

由梨：「哥哥，可以請您說日語嗎？」

魔術時鐘的問題（重來）

按下 RESET 鈕，排列模式變回 000。

排列模式 000

按一次 COUNT 鈕，三個時鐘皆會前進一格。請問要按
幾次 COUNT 鈕，排列模式才會變成 024 呢？

排列模式 024

5.11　找到思考的方向

由梨：「『使指針指向 1』是什麼意思？」

我：「我仔細說明一遍吧。由梨，為什麼妳覺得這三個『魔術時鐘』的問題，解題起來很麻煩呢？」

由梨：「因為有三個時鐘轉來轉去？」

我：「沒錯，所以如果『時鐘只有一個』會簡單許多。」

由梨：「可是……」

我：「假如我們只看『5 的時鐘』，答案會變得很簡單，想變成 4 就按四下按鈕。」

由梨：「這樣說沒錯啦……」

我：「按四下按鈕，再按 5 的倍數，指針不會改變位置吧。『5 的時鐘』指向 4，再按五下、十下、十五下，指針指的位置還是 4。」

由梨：「這是因為按五下，指針會繞一圈回到原點嗎？」

我：「沒錯，按五下按鈕，『5 的時鐘』會繞一圈回到原點。」

由梨：「不過時鐘有三個耶，哥哥說『如果時鐘只有一個會簡單許多』也於事無補啊！」

我：「嗯，雖然如此，有我這種想法也是一件好事喔。」

由梨：「為什麼？」

我：「因為這可以成為解題的『線索』，成為思考的方向，像推理小說一樣，緊抓重要線索……」

由梨：「不要扯到推理小說啦——你有辦法把三個時鐘變成一個嗎？」

我：「有，我有辦法把三個時鐘變成一個喔！」

由梨：「真的嗎？」

5.12　把三個時鐘變成一個

我：「妳看，剛才我按 COUNT 鈕的時候，由梨不是叫我暫停一下嗎？在我按六次的時候。」

由梨：「嗯。」

我：「剛才我們先按 RESET 鈕，讓排列模式變回 000，再按六次 COUNT 鈕，讓排列模式變成 001。」

原本排列模式為 000，按六次 COUNT 鈕，
排列模式會變成 001

由梨：「沒錯。」

我：「若排列模式是 001，『2 的時鐘』和『3 的時鐘』都是 0，
只有『5 的時鐘』是 1 吧？」

由梨：「那又怎樣？」

我：「雖然我們曉得『2 的時鐘』和『3 的時鐘』轉了好幾圈才
變回 0，但我們可以當作這兩個時鐘沒有轉過。」

由梨：「當作沒轉過？」

我：「是啊，接著再回來看排列模式 001，好像『2 的時鐘』和
『3 的時鐘』都沒動，只有『5 的時鐘』前進了一格。」

由梨：「哇！看起來的確是這樣！但是……」

我：「就是這樣，剛才說的『時鐘變成一個，再使指針指向
1』，是我看到 001 這個排列模式，突然想到的。」

由梨：「哥哥，由梨還是不懂。」

我：「講仔細一點，就是『按六次 COUNT 鈕，只有『5 的時
　　鐘』會前進一格』的意思。」

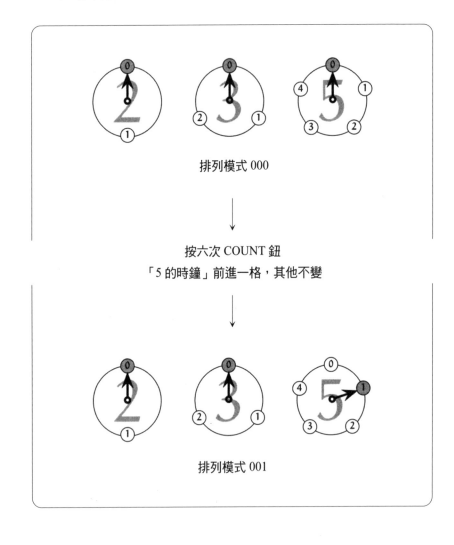

排列模式 000

按六次 COUNT 鈕
「5 的時鐘」前進一格，其他不變

排列模式 001

由梨：「這個我知道啦！那又怎樣！」

我：「如果排列模式為 001，再按六次，排列模式會變成 002 吧？」

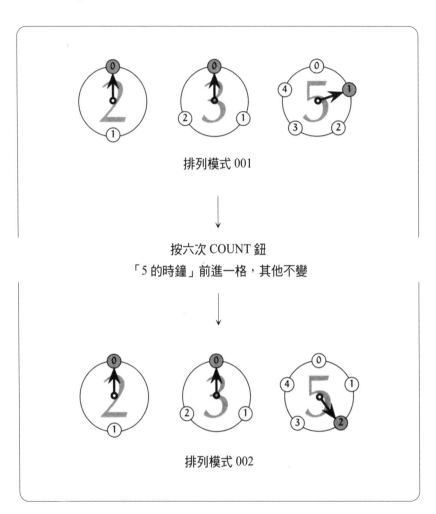

排列模式 001

按六次 COUNT 鈕

「5 的時鐘」前進一格，其他不變

排列模式 002

由梨：「啊，你想說的是，<u>按六次鈕，只有『5 的時鐘』會前進一格</u>！」

我：「沒錯。按六次鈕，只有『5 的時鐘』會前進一格，其他時鐘則可當作完全沒轉動。重複數次『一口氣按六次』的動作，即能使其他時鐘保持不變，把『5 的時鐘』轉到任意數字！」

由梨：「嗯，沒錯！」

我：「把『一口氣按六次』想成一個動作，等於只有一個時鐘，因為只有『5 的時鐘』在轉動。看吧，這是把時鐘變成一個的方法！」

由梨：「這樣啊……喔！難道，哥哥想……」

我：「由梨，妳發現了嗎？」

由梨：「你想把三個時鐘組合在一起？」

我：「沒錯！」

由梨：「原來如此！」

我：「妳不覺得這個主意不錯嗎？魔術時鐘的題目會這麼麻煩，是因為按 COUNT 鈕，三個時鐘都會前進。想轉出目標的排列模式，得同時顧慮三個時鐘，相當麻煩。把三個時鐘組合在一起，會簡單許多！」

由梨：「這樣啊……等一下，事情會這麼順利嗎？『5 的時鐘』是可以這麼做，但其他時鐘也能比照辦理嗎？『2 的時鐘』

能這麼做嗎？」

我：「會很順利喔，妳只需知道『按幾次 COUNT 鈕，能讓排列模式從 000 變成 100』。」

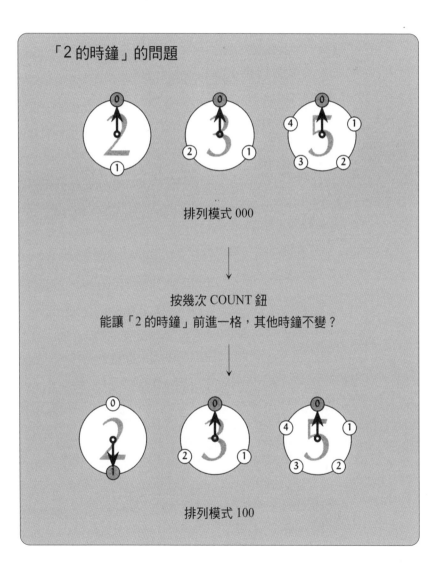

「2 的時鐘」的問題

排列模式 000

按幾次 COUNT 鈕
能讓「2 的時鐘」前進一格，其他時鐘不變？

排列模式 100

由梨：「⋯⋯」

我：「『3 的時鐘』可以用同樣方式思考，問題會變成『按幾次 COUNT 鈕，能讓排列模式從 000 變成 010』。」

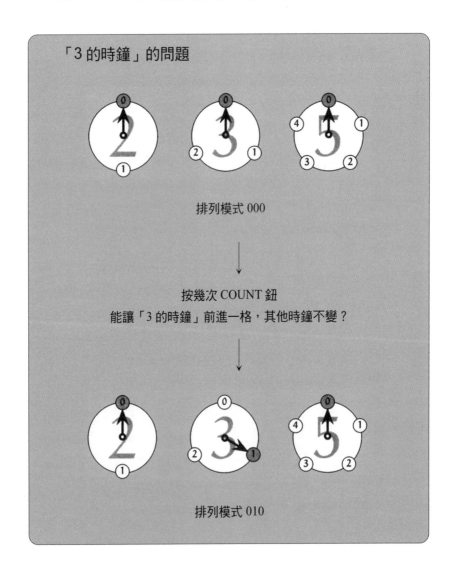

「3 的時鐘」的問題

排列模式 000

按幾次 COUNT 鈕

能讓「3 的時鐘」前進一格，其他時鐘不變？

排列模式 010

由梨:「想辦法弄出排列模式 100、010 和 001!原來如此,做成一覽表可馬上看出來!」

按 COUNT 鈕的次數與排列模式一覽表

按鈕次數	2 的時鐘	3 的時鐘	5 的時鐘
0	0	0	0
1	1	1	1
2	0	2	2
3	1	0	3
4	0	1	4
5	1	2	0
⇒6	0	0	1
7	1	1	2
8	0	2	3
9	1	0	4
⇒10	0	1	0
11	1	2	1
12	0	0	2
13	1	1	3
14	0	2	4
⇒15	1	0	0
16	0	1	1
17	1	2	2
18	0	0	3
19	1	1	4
20	0	2	0
21	1	0	1
22	0	1	2
23	1	2	3
24	0	0	4
25	1	1	0
26	0	2	1
27	1	0	2
28	0	1	3
29	1	2	4

- 按 15 次 COUNT 鈕，排列模式變成 100
- 按 10 次 COUNT 鈕，排列模式變成 010
- 按　6 次 COUNT 鈕，排列模式變成 001

我：「這是因為 $3 \times 5 = 15$，$2 \times 5 = 10$ 以及 $2 \times 3 = 60$。」

$$3 \times 5 = 15 \quad \rightarrow \text{排列模式 } 100$$
$$2 \quad\ \times 5 = 10 \quad \rightarrow \text{排列模式 } 010$$
$$2 \times 3 \quad\ = 6 \quad\ \rightarrow \text{排列模式 } 001$$

由梨：「咦，那些乘法是什麼意思？」

我：「這在計算時鐘會在何時繞一圈轉回到原點，轉回 0。」

- 若為「2 的倍數」，「2 的時鐘」會轉回 0。
- 若為「3 的倍數」，「3 的時鐘」會轉回 0。
- 若為「5 的倍數」，「5 的時鐘」會轉回 0。

由梨：「……」

我：「因此，要讓『3 的時鐘』和『5 的時鐘』都轉回 0，按鈕次數必定『既是 3 的倍數，又是 5 的倍數』。」

由梨：「原來如此！要用乘法！」

我：「是啊，既是 3 的倍數，又是 5 的倍數——是指 3 和 5 的公倍數！」

由梨：「嗯！」

我：「『3 的時鐘』和『5 的時鐘』都是 0，所以排列模式會是 *00 的形式，而 * 是 0 或 1。」

由梨：「是。」

我：「$3 \times 5 = 15$ 是 3 和 5 的其中一個公倍數，所以按十五次，排列模式會變成 *00 的形式，而此例按十五次正好會變成 100。用同樣的方式操作其他時鐘——」

- 按 $3 \times 5 = 15$ 次，排列模式會變成 100。
- 按 $2 \times 5 = 10$ 次，排列模式會變成 010。
- 按 $2 \times 3 = 6$ 次，排列模式會變成 001。

由梨：「原來是這樣……」

我：「由此可知如何轉出排列模式 100、010 和 001，接著只需利用『一口氣按完』的概念操作。」

- 「一口氣按 15 次」，只有「2 的時鐘」會前進一格
- 「一口氣按 10 次」，只有「3 的時鐘」會前進一格
- 「一口氣按 6 次」，只有「5 的時鐘」會前進一格

由梨：「嗯，我懂了！」

我：「聽懂這部分，接下來會很簡單，只需把三個時鐘轉到目標的排列模式。」

由梨：「像調時鐘一樣喵！」

我：「沒錯，像調整時針、分針、秒針一樣。假設我們想轉出排列模式 024……」

- 「一口氣按 15 次」操作 <u>0</u> 次
- 「一口氣按 10 次」操作 <u>2</u> 次
- 「一口氣按　6 次」操作 <u>4</u> 次

由梨:「把這些加起來嗎?」

我:「沒錯。」

$$15 \times \underline{0} + 10 \times \underline{2} + 6 \times \underline{4} = 0 + 20 + 24$$
$$= 44$$

我:「按四十四次能達到目標的排列模式 024!」

由梨:「咦?奇怪耶!太多了吧,剛剛的一覽表不是只有十四次嗎?」

我:「是啊。但是,再按三十次,三個時鐘都會轉回 0,所以只需減 30 的倍數,一直減 30 直到不夠減,44 - 14 = 30 就是這樣來的。」

由梨:「這樣啊……」

我:「某數一直減去 30,但不能讓它小於 0,最後所得的數——由梨,妳覺得這是在算什麼?」

由梨:「嗯?我想想……啊!餘數!」

我:「沒錯!這是除以 30 所得的餘數,接著來整理我們剛才使用的方法吧。」

魔術時鐘的解答

由「2 的時鐘」、「3 的時鐘」、「5 的時鐘」構成的魔術時鐘，可依以下步驟解答：

步驟 1.　首先，找出只讓一個時鐘前進一格，其他時鐘不動的方法。

（使排列模式成為 100、010 或 001）

步驟 2.　計算各個排列模式所需的按鈕次數。

（15 次、10 次、6 次）

步驟 3.　將三個時鐘各自轉到目標排列模式的次數，再加總。

（設目標為 $\underline{0}\underline{2}\underline{4}$，應轉 $15 \times \underline{0} + 10 \times \underline{2} + 6 \times \underline{4}$ $=44$ 次）

步驟 4.　將加總的次數除以三個時鐘的最小公倍數（30），求餘數，便是所需的最少按鈕次數。

（$44 \div 30 = 1 \cdots 14$）

步驟 5.　將最少按鈕次數加最小公倍數的倍數（$30n$），可得按扭次數的一般解。

（按鈕次數為 $30n + 14$，而 $n = 0, 1, 2, 3\cdots\cdots$）

由梨：「是把時鐘組合起來啦喵。」

我：「因為由梨給的提示很棒啊，『如果時鐘只有一個會簡單許多』。」

由梨：「真的喵？嘿！」

我：「三個時鐘牽扯在一起很麻煩，但兩個時鐘不動，讓剩下的一個時鐘前進，會簡單許多！」

由梨：「哥哥！我覺得啊……」

我：「怎麼了？」

由梨：「『三個時鐘的組合』看起來像『一個超大時鐘』！」

我：「超大時鐘？」

由梨：「剛才用2、3、5的最小公倍數30當除數吧？那是因為按三十次會繞一圈回到原點，排列模式變回000，就是按三十次會繞一圈回到原點的時鐘呀……『30的時鐘』！」

我：「啊，說的也是，的確很像一個大時鐘——」

「30的時鐘」

由梨：「好好玩喵！」

媽媽：「孩子們！吃點心囉！」

　　從廚房傳來媽媽的呼喚。

由梨：「好！來了！」

　　我邊吃點心邊想，「2 的時鐘」、「3 的時鐘」、「5 的時鐘」這三個小時鐘，以及大時鐘「30 的時鐘」。

　　我想把大時鐘分解成小時鐘。

　　時鐘的質因數分解……

$$30=2\times3\times5$$

　　只要能轉出排列模式 100、010 以及 001，其他排列模式皆可轉出。

　　等一下！

　　若是這樣，就算不是 2、3、5 這種質數，此方法也行得通吧？

　　只要確定能轉出「還留著一個 1，卻可說是 0 的排列模式」——

　　　　「明明從未見過，為什麼你確定能做出來呢？」

第 5 章的問題

●問題 5-1（魔術時鐘）

按下魔術時鐘的 RESET 鈕歸零，若想將排列模式轉到 123，應按幾次 COUNT 鈕呢？請回答一般解。請不要看第 200 頁的一覽表，自己先想想看。

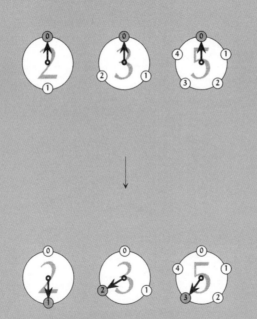

（解答在第 250 頁）

●問題 5-2（魔術時鐘）

按下魔術時鐘的 RESET 鈕歸零，若想將排列模式轉到
124，應按幾次 COUNT 鈕呢？請回答一般解。請不要看
第 200 頁的一覽表，自己想想看。

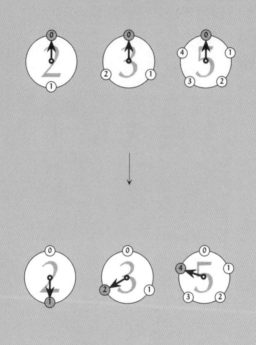

（解答在第 252 頁）

●問題 5-3（魔術時鐘）

想將魔術時鐘的排列模式由 123 轉到 000，應按幾次
COUNT 鈕呢？請回答一般解。請不要看第 200 頁的一覽
表，自己想想看。

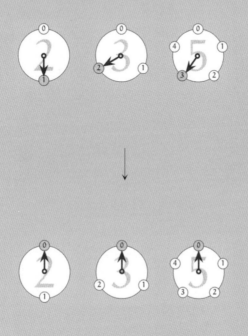

（解答在第 254 頁）

尾聲

某天下午，在數學資料室。

少女：「哇，有好多有趣的東西！」

老師：「是啊。」

少女：「老師，這是什麼呢？」

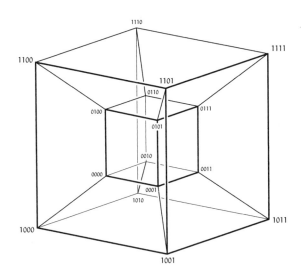

老師：「你覺得這是什麼呢？」

少女：「立方體。」

老師：「沒錯，但這是四維的立方體——超立方體。」

少女：「超立方體？」

老師：「沒錯，它難以塞進三維，所以看起來有點歪。妳看，上面標示的頂點座標。」

少女：「看起來像二進位的數字。」

老師：「1001 可看成二進位的數字，也可看成四維的座標（1, 0, 0, 1）。沿著邊移動，其中一個座標會依循固定規則改變。」

少女：「有二十四個頂點耶。」

老師：「因為是四維啊。」

少女：「老師，這又是什麼？」

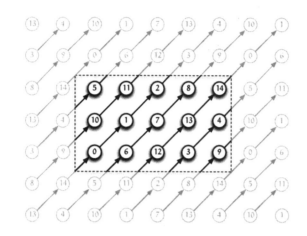

老師：「妳覺得是什麼呢？」

少女：「排成斜斜的數列──加上好幾條直線。」

老師：「其實，直線只有一條。」

少女：「咦？」

老師：「只看框內 3×5 的範圍，能看出單一螺旋。」

少女：「照著號碼順序看嗎？」

老師：「沒錯，妳會發現這個構造很像甜甜圈。」

少女：「甜甜圈？」

老師：「上下邊照著號碼順序，用箭頭連起來，猶如把這兩個邊黏起來，左右邊也這麼做，即能做出甜甜圈。」

少女：「哇！」

老師：「這個甜甜圈的表面是**二維環面**。3×5＝15 個點在二維環面上，靠一條線串成螺旋。」

少女：「老師，這又是什麼呢？」

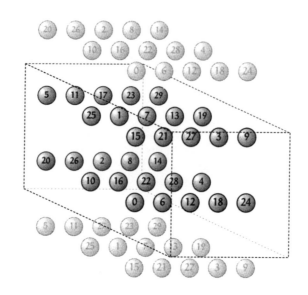

老師：「妳覺得是什麼呢？」

少女：「……」

老師：「怎麼啦？」

少女：「等一下，我想想看。照號碼順序看……」

老師：「嗯。」

少女：「我知道，是三維環面！把上下面、左右面、前後面各自黏起來。2×3×5＝30個點在三維環面上，靠一條線串成螺旋，對吧？」

老師：「真虧妳看得出來！」

少女：「因為這是老師平常的模式啊，增加維度來嚇別人。」

老師：「注意重複的地方，就能看出排列規則。排列規則隱藏在許多地方，若能找出規則，即能捕捉到無限。」

少女：「捕捉到無限……」

老師：「其實三維環面也是一種魔術時鐘。」

少女：「魔術時鐘？」

老師：「是啊。由2、3、5組成的『魔術時鐘』。」

少女：「必須都是質數嗎？」

老師：「任兩數的最大公因數是1即可。」

少女：「按2×3×5＝30次，會繞一圈回到原點。」

少女一邊說，一邊呵呵笑。

【解答】

A   N   S   W   E   R   S

第 1 章的解答

●**問題 1-1**（判斷是否為 3 的倍數）

請判斷 (a)、(b)、(c) 是否為 3 的倍數。

(a) 123456
(b) 199991
(c) 111111

■解答 1-1

雖然可以將這些數直接除以 3，但利用 3 的倍數判斷法（第 2 頁），求各位數的和，再除以 3。

(a) 1+2+3+4+5+6＝21，3 可以整除 21，所以 123456 是 3 的倍數。

(b) 1+9+9+9+9+1＝38，3 不可以整除 38，所以 199991 不是 3 的倍數。

(c) 1+1+1+1+1+1＝6，3 可以整除 6，所以 111111 是 3 的倍數。

答　(a) 和 (c) 是 3 的倍數，(b) 不是 3 的倍數。

此外，還有一個小祕訣，若將各位數字相加，以判斷是否為 3 的倍數，則可忽略 3 的倍數之數字。

因此，(a) 不需考慮 3 和 6，只需計算 $1+2+4+5$。而 $1+2$ 會得到 3，所以也不必計入。我們只需計算 $4+5=9$，即可確定 (a) 是 3 的倍數。

(b) 有多個 9，是 3 的倍數，所以不必計入加總。因此，(b) 只需計算 $1+1=2$，就可知 (b) 並非 3 的倍數。

(c) 每一位的數字都是 1，例如 1、11、111、1111，只要位數是 3 的倍數，整個數就是 3 的倍數。

$$1、11、\underbrace{111}_{3\text{位數}}、1111、11111、\underbrace{111111}_{6\text{位數}}、1111111\cdots$$

●問題 1-2（以數學式表示）

設 n 為偶數，且 $0 \leq n < 1000$。若將 n 的百位數、十位數、個位數皆以整數 a、b、c 來表示，則 a、b、c 有可能是哪些數呢？

■解答 1-2

百位數和十位數是 0、1、2、3……9 中的任何數都可以，但 n 須為偶數，所以個位數必須是偶數。若個位數是偶數，n 也會是偶數，因此 a、b、c 可以用下頁方式表示。

$a = 0, 1, 2, 3, 4, 5, 6, 7, 8, 9$

$b = 0, 1, 2, 3, 4, 5, 6, 7, 8, 9$

$c = 0, 2, 4, 6, 8$

●問題 1-3（製作表格）

「我」想以下列式子計算 n 的各位數字總和 A_n：

$$A_{316} = 3 + 1 + 6 = 10$$

請為下表的空白處，填入正確答案。

n	0	1	2	3	4	5	6	7	8	9
A_n										

n	10	11	12	13	14	15	16	17	18	19
A_n										

n	20	21	22	23	24	25	26	27	28	29
A_n										

n	30	31	32	33	34	35	36	37	38	39
A_n										

n	40	41	42	43	44	45	46	47	48	49
A_n										

n	50	51	52	53	54	55	56	57	58	59
A_n										

n	60	61	62	63	64	65	66	67	68	69
A_n										

n	70	71	72	73	74	75	76	77	78	79
A_n										

n	80	81	82	83	84	85	86	87	88	89
A_n										

n	90	91	92	93	94	95	96	97	98	99
A_n										

n	100	101	102	103	104	105	106	107	108	109
A_n										

■解答 1-3

如下表。

n	0	1	2	3	4	5	6	7	8	9
A_n	0	1	2	3	4	5	6	7	8	9

n	10	11	12	13	14	15	16	17	18	19
A_n	1	2	3	4	5	6	7	8	9	10

n	20	21	22	23	24	25	26	27	28	29
A_n	2	3	4	5	6	7	8	9	10	11

n	30	31	32	33	34	35	36	37	38	39
A_n	3	4	5	6	7	8	9	10	11	12

n	40	41	42	43	44	45	46	47	48	49
A_n	4	5	6	7	8	9	10	11	12	13

n	50	51	52	53	54	55	56	57	58	59
A_n	5	6	7	8	9	10	11	12	13	14

n	60	61	62	63	64	65	66	67	68	69
A_n	6	7	8	9	10	11	12	13	14	15

n	70	71	72	73	74	75	76	77	78	79
A_n	7	8	9	10	11	12	13	14	15	16

n	80	81	82	83	84	85	86	87	88	89
A_n	8	9	10	11	12	13	14	15	16	17

n	90	91	92	93	94	95	96	97	98	99
A_n	9	10	11	12	13	14	15	16	17	18

n	100	101	102	103	104	105	106	107	108	109
A_n	1	2	3	4	5	6	7	8	9	10

第 2 章的解答

> ●問題 2-1（質數）
>
> 請從下列選項中，選出正確的數學敘述。
>
> (a) 91 是質數。
>
> (b) 兩個質數的和為偶數。
>
> (c) 大於 2 的整數若非合數，必為質數。
>
> (d) 質數恰有兩個因數。
>
> (e) 合數有三個以上的因數。

■解答 2-1

(a) 91 是質數。

　　　錯誤。由質因數分解可得 $91 = 7 \times 13$，由此可知 91 不是
　　　質數，是合數。

(b) 兩個質數的和為偶數。

　　　錯誤。舉例來說，2 和 3 雖是質數，但 $2 + 3 = 5$ 不是
　　　偶數。

(c) 大於 2 的整數，若非合數則必為質數。

　　　正確。2 以上的整數若非合數，則為質數。

(d) 質數恰有兩個因數。

　　　正確。質數 p 只有 1 和 p 兩個因數。

(e) 合數有三個以上的因數。

　　正確。假設整數 N 為合數，則 N 可寫成整數 m 與 n 的乘積，$N = mn$（其中 $1 < m < N$，且 $1 < n < N$），所以 N 至少有 1、m、N 三個因數。此外，m 可能與 n 相等，所以無法保證有四個因數。舉例來說，9 是合數，且 $9 = 3 \times 3$，9 有三個因數 1、3、9。

答　(c) (d) (e)

●問題 2-2（埃拉托斯特尼篩法）

請利用埃拉托斯特尼篩法，求出小於 200 的所有質數。

■解答 2-2

　　如次頁。

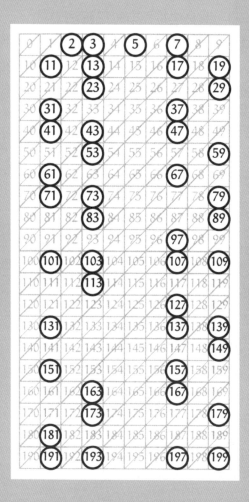

小於 200 的質數表

●問題 2-3（改良埃拉托斯特尼篩法）

第 51 頁所描述的埃拉托斯特尼篩法步驟，並沒有利用「若 $p^2 > N$，則剩下的數全是質數」的概念。現在，請你利用這個概念，改良埃拉托斯特尼篩法的步驟。

■解答 2-3

加入「步驟 2」來改良。

埃拉托斯特尼篩法（找出質數的方法，改良版）
藉由以下步驟，可圈選小於自然數 N 的所有質數，並刪去零、單位數，以及合數。

步驟 1. 將 0 到 N 的所有整數依序排成表，刪去 0 和 1。
（即刪去零與單位數）

步驟 2. 若還有數字沒被刪掉，則圈選這些數字中最小的 p。若沒有剩下的數字，則到此結束。
（圈選的 p 即為質數）

步驟 2. 若 $p^2 > N$，則將剩下的數字圈選起來。
（圈選的數字即為質數）

步驟 3. 刪掉所有比質數 p 大的 p 的倍數，
回到步驟 2。
（刪掉的數為有因數 p 的合數）

●問題 2-4（二次式 n^2+n+41）

請證明若 n 為大於 0 的整數，二次式 $P(n)=n^2+n+41$ 之值必為奇數。

■解答 2-4

證明 1（分成偶數與奇數來討論）

以 n 為偶數，以及 n 為奇數兩種情況來討論。

若 n 為偶數，n^2 與 n 皆為偶數。41 為奇數，所以 n^2+n+41 為：偶數＋偶數＋奇數＝奇數。

若 n 為奇數，n^2 與 n 皆為奇數。41 為奇數，所以 n^2+n+41 為：奇數＋奇數＋奇數＝奇數。

因此，$P(n)$ 必為奇數。

（證明結束）

證明 2（數學式的變形）

將數學式轉換成以下形式，

$$n^2+n+41=n(n+1)+41$$

等號右邊的 n 及 $n+1$，剛好有一個會是偶數，所以 $n(n+1)$ 必為偶數。$n(n+1)+41$ 為偶數與奇數之和，所以必為奇數。

因此，$P(n)$ 必為奇數。

（證明結束）

第 3 章的解答

> ●問題 3-1（以卡片表示）
> 用本章的五張猜數字卡片來表示 25 吧！請寫出那些被翻到正面的卡片，左上角的數字是多少。

■解答 3-1

利用第 106 頁的方法，重複進行數次除法即可求出。

$$25 \div 16 = 1 \cdots 9$$
$$9 \div 8 = 1 \cdots 1$$
$$1 \div 4 = 0 \cdots 1$$
$$1 \div 2 = 0 \cdots 1$$
$$1 \div 1 = 1 \cdots 0$$

除以 16、8、1，商等於 1，所以左上角數字為 16、8、1 的卡片會翻到正面。

答　16, 8, 1

●問題 3-2（卡片的數字）

本章的五張猜數字卡片中，有一張卡片左上角的數字是 2。請寫出這張卡片上所有的數字（不要看前文，自己回答看看吧）。

```
2  ?  ?  ?
?  ?  ?  ?
?  ?  ?  ?
?  ?  ?  ?
```

■解答 3-2

如下。

```
 2  3  6  7
10 11 14 15
18 19 22 23
26 27 30 31
```

答　2, 3, 6, 7, 10, 11, 14, 15, 18,
19, 22, 23, 26, 27, 30, 31

從 0 到 31 之中，藉由「跳過兩個數，再選兩個數」的方式，可挑出這些數；亦可藉由判斷「除以 4，餘數是否為 2 或 3」的方式挑選。

　　順帶一提，若以第 110 頁的鱷魚來說明，左上角為 2 的卡片所列出的數字，皆是能讓 2 的鱷魚吃到東西的數字。

　●**問題 3-3**（4 的倍數）
　你能夠在本章五張猜數字卡片一字排開時，一眼看穿「出題者選的數字是不是 4 的倍數」嗎？假設五張卡片左上角的數字由左至右依序為 16、8、4、2、1，請問此數是否為 4 的倍數。

■**解答 3-3**

　　4 的倍數除以 4，餘數為 0，所以若左上角為 4 的卡片，右邊的兩張卡片（左上角為 2 和 1 的卡片）皆翻到背面，出題者所想的數字即為 4 的倍數。

　　　　　答　若最右邊兩張卡片皆翻到背面，即為 4 的倍數

　　順帶一提，若以第 110 頁的鱷魚來說明，4 的倍數會讓 2 的鱷魚和 1 的鱷魚沒有東西吃。

●問題 3-4（正面與背面交換）

以本章的五張猜數字卡片來表示某數 N，再把這五張卡片的正面與背面交換（把本來翻成正面的卡片翻到背面，反之亦然），此時，這五張卡片表示的是什麼數字呢？請用 N 來表示。

■解答 3-4

　　加總所有卡片左上角的數，可得到 31，所以將表示 N 的五張卡片正背面交換，它所表示的數會變成 $31 - N$。

答　$31 - N$

●問題 3-5（n 張卡片）

本章的五張猜數字卡片都寫著十六個數字。如果使用 n 張猜數字卡片，卡片上應寫幾個數字呢？

■解答 3-5

　　n 張卡片可用來表示從 0 到 $2^n - 1$，共 2^n 個數字，以及 2^n 種排列模式。在所有排列模式中，每一張卡片有一半的機率會被翻到正面，所以卡片寫的數字個數亦為 2^n 的一半，亦即 $2^n - 1$ 個。

答　2^{n-1} 個

第 4 章的解答

●問題 4-1（遞迴式）

假設數列{Fn}的遞迴式定義如下，請求此數列前十項
（F_1、F_2、F_3……F_{10}）的數值。

$$
\begin{cases}
F_1 & = 1 \\
F_2 & = 1 \\
F_n & = F_{n-1} + F_{n-2} \qquad (n = 3, 4, 5 \cdots\cdots)
\end{cases}
$$

■解答 4-1

題目定義最初兩項為：$F_1 = 1$，$F_2 = 1$。

F_3 之後的項可用遞迴式求出：

$$
\begin{aligned}
F_3 &= F_2 + F_1 & &\text{遞迴式} \\
&= 1 + 1 & &F_2 = 1，F_1 = 1 \\
&= 2
\end{aligned}
$$

照這個式子繼續算下去。

$$F_4 = F_3 + F_2 = 2 + 1 = 3$$
$$F_5 = F_4 + F_3 = 3 + 2 = 5$$
$$F_6 = F_5 + F_4 = 5 + 3 = 8$$
$$F_7 = F_6 + F_5 = 8 + 5 = 13$$
$$F_8 = F_7 + F_6 = 13 + 8 = 21$$
$$F_9 = F_8 + F_7 = 21 + 13 = 34$$
$$F_{10} = F_9 + F_8 = 34 + 21 = 55$$

整理結果可得下表。

n	1	2	3	4	5	6	7	8	9	10
F_n	1	1	2	3	5	8	13	21	34	55

而這個數列又稱為**費波那契數列**。

答　$1, 1, 2, 3, 5, 8, 13, 21, 34, 55$

●問題 4-2（一般項）

下表列出數列 $\{a_n\}$ 的前十項，請推論一般項 a_n，並以 n 表示。

n	1	2	3	4	5	6	7	8	9	10	…
a_n	-1	3	-5	7	-9	11	-13	15	-17	19	…

■解答 4-2

　　若無視數列 $\{a_n\}$ 各項的正負號，即為 $1, 3, 5, 7, 9, 11, 13, 15,$ $17, 19……$的奇數數列。

另外，若 n 是奇數，a_n 為負數（$a_n < 0$），若 n 是偶數，a_n 為正數（$a_n > 0$）。

因此，a_n 的一般項可用以下算式表示：

$$a_n = (-1)^n (2n - 1)$$

<u>答 $a_n = (-1)^n (2n - 1)$</u>

補充說明：若 $n = 1, 2, 3$……則 $(-1)^n$ 的數值如下表。

n	1	2	3	4	5	6	7	8	9	...
$(-1)^n$	-1	1	-1	1	-1	1	-1	1	-1	...

由表可知，若 n 為偶數，$(-1)^n$ 為 1，若 n 為奇數，則為 −1。在奇偶項之間，交互變換正負號的數列，常會用到 $(-1)^n$。

●問題 4-3（數學歸納法）

請利用數學歸納法證明，對於任意正整數 $n = 1, 2, 3$……下列等式皆成立。

$$1 + 2 + 3 + \cdots + n = \frac{n(n+1)}{2}$$

■解答 4-3

先將下列等式令為 $P(n)$。

$$1 + 2 + 3 + \cdots + n = \frac{n(n+1)}{2}$$

「步驟 A」

由下列等式可知 $P(1)$ 成立。

$$1 = \frac{1(1+1)}{2}$$

「步驟 B」

假設 $P(k)$ 成立，以下計算將證明 $P(k+1)$ 亦會成立。

$1+2+3+\cdots+k+(k+1)$

$\quad = \dfrac{k(k+1)}{2}+(k+1)$ 　　利用 $P(k)$ 成立的假設

$\quad = \dfrac{k(k+1)+2(k+1)}{2}$ 　　將 $(k+1)$ 移至分子

$\quad = \dfrac{(k+1)(k+2)}{2}$ 　　提出 $(k+1)$

因此下列等式會成立：

$$1+2+3+\cdots+k+(k+1) = \frac{(k+1)(k+2)}{2}$$

這代表 $P(k+1)$ 會成立。

因此，由數學歸納法可知，對於任意正整數 n 而言，$P(n)$ 皆成立。

（證明結束）

●問題 4-4（數學歸納法）

請利用數學歸納法證明，對於任意正整數 $n = 1, 2, 3 \cdots\cdots$
下列等式皆成立。

$$F_1 + F_2 + F_3 + \cdots + F_n = F_{n+2} - 1$$

其中，數列 $\{F_n\}$ 請依照問題 4-1 的方式定義。

■解答 4-4

先將下列等式令為 $Q(n)$。

$$F_1 + F_2 + F_3 + \cdots + F_n = F_{n+2} - 1$$

「步驟 A」

由等式 $F_1 = 1$，$F_3 = 2$ 可知，$Q(1)$ 會成立。

$$F_1 = F_3 - 1$$

「步驟 B」

假設 $Q(k)$ 會成立，並證明 $Q(k+1)$ 亦會成立。

$$
\begin{aligned}
& F_1 + F_2 + F_3 + \cdots + F_k + F_{k+1} \\
&= F_{k+2} - 1 + F_{k+1} && \text{利用 } Q(k) \text{ 成立的假設} \\
&= F_{k+2} + F_{k+1} - 1 && \text{改變加法的順序} \\
&= F_{k+3} - 1 && \text{根據遞迴式 } F_{k+3} = F_{k+2} + F_{k+1} \text{ 求得}
\end{aligned}
$$

因此下列等式會成立：

$$F_1 + F_2 + F_3 + \cdots + F_k + F_{k+1} = F_{(k+1)+2} - 1$$

這代表 $Q(k+1)$ 會成立。

因此，由數學歸納法可知，對於任意正整數 n 而言，$Q(n)$ 皆成立。

（證明結束）

第 5 章的解答

●問題 5-1（魔術時鐘）

按下魔術時鐘的 RESET 鈕歸零，若想將排列模式轉到 123，應按幾次 COUNT 鈕呢？請回答一般解。請不要看第 200 頁的一覽表，自己想想看。

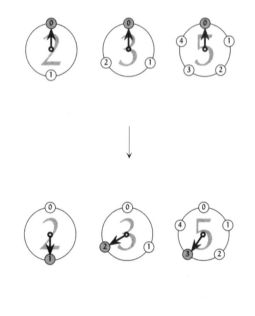

■解答 5-1

依照魔術時鐘解題方法（第 216 頁）的**步驟 3** 以後的過程計算。

　　先計算三個時鐘各自轉到目標排列模式：123，所需按的次數，並加總。

$$15 \times 1 + 10 \times 2 + 6 \times 3 = 15 + 20 + 18$$
$$= 53$$

　　接著，將加總的次數除以三個時鐘的最小公倍數（30），求得餘數。

$$53 \div 30 = 1 \cdots 23$$

由此可知最少需按 COUNT 鈕二十三次。

一般解為：

$$30n + 23 \quad (n = 0, 1, 2, 3 \cdots\cdots)$$

按下 $30n + 23$ 次，排列模式皆會成為 123。

　　　答　$30n + 23$ 　$(n = 0, 1, 2, 3 \cdots\cdots)$

●問題 5-2（魔術時鐘）

按下魔術時鐘的 RESET 鈕歸零，若想將排列模式轉到 124，應按幾次 COUNT 鈕呢？請回答一般解。請不要看第 200 頁的一覽表，自己想想看。

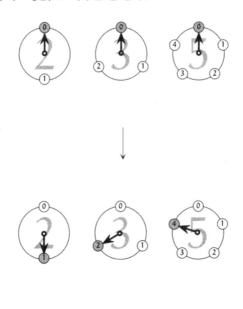

■解答 5-2

　　雖然可以用問題 5-1 的方法解題，不過這裡我們試著用問題 5-1 的結果來解吧。

　　問題 5-1 轉出的排列模式為 123，若使「5 的時鐘」前進一格，其他時鐘不動，可得排列模式 124。欲使「5 的時鐘」前進一格，其他時鐘不動，只要按六次鈕即可，因此按鈕次數可由以下計算求得。

$$（排列模式 123 所需按鈕次數 +6）\div 30 = (23+6)\div 30$$
$$= 0\cdots 29$$

答　$30n+29$　　（$n+0, 1, 2, 3\cdots\cdots$）

另一種解法

只要再按一次按鈕，排列模式便會由 124 變成 000，所以可視為按第三十次以前的狀態，因此最少要按二十九次。

答　$30n+29$　　（$n=0, 1, 2, 3\cdots\cdots$）

●問題 5-3（魔術時鐘）

想將魔術時鐘的排列模式由 123 轉到 000，應按幾次
COUNT鈕呢？請回答一般解。請不要看第 200 頁的一覽
表，自己想想看。

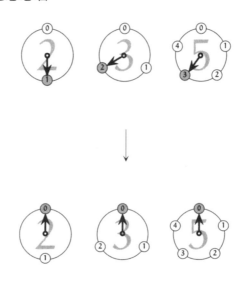

■解答 5-3

由問題 5-1 的結果可知，需按二十三次鈕才可轉出排列模
式 123。而且，若原本排列模式為 000，則按三十次鈕亦會回到
000。所以要從排列模式 123 轉到 000，只需按 30 − 23 ＝ 7次按
鈕。

排列模式 000 $\xrightarrow{23\,次}$ 排列模式 123 $\xrightarrow{7\,次}$ 排列模式 000

$$\xrightarrow{}$$
$$30\,次$$

答　$30n+7$ 　（$n=0,\,1,\,2,\,3\cdots\cdots$）

獻給想要深入思考的你

除了本書的數學對話，我為了「想要深入思考」的你，特別準備了研究問題。本書不會寫出答案，而且答案可能不只一個。

請試著自己解題，或者找其他對這些問題有興趣的人，一起思考吧。

第 1 章　重複加減亦不改變性質

●研究問題 1－X1（以數學式表示）

以數學式表示以下數學概念：

- 除以 2，餘數為 1 的正整數
- 一百位的正整數
- 用 2、3、5 皆能整除的整數

●研究問題 1－X2（計算餘數）

設 A、B 為大於 0 的整數，

若 A 除以 3，餘數為 a；B 除以 3，餘數為 b，

則 $A+B$ 除以 3 的餘數會是多少呢？

●研究問題 1 − X3（n 位數）

本文中，「我」證明了「3 的倍數判別法」適用於所有小於 1000 的數，本想繼續證明更一般化的情形，卻被打斷了（第 19 頁）。請你代替「我」，證明此判別法適用於更一般化的情形。

提示：將 n 位數的正整數用下列方式表示，再提出 3。

$$10^{n-1}a_{n-1} + \cdots + 10^2 a_2 + 10^1 a_1 + 10^0 a_0$$

●研究問題 1 − X4（n 進位的判別法）

第 1 章的最後，「我」思考 n 進位的倍數該怎麼判別（第 30 頁），你也來想想看吧。

• 哪些數的倍數判別法與十進位 3、9 的倍數相似，可以用每位數的總和來判斷呢？
• 哪些數的倍數判別法與十進位 2、5 的倍數相似，可以用個位數來判斷呢？

●研究問題 1－X5（1 的倍數判別法）

在第 1 章，由梨與「我」發現 3 和 9 的倍數判別法相同，是因為 3 和 9 都可以整除 9。除了 3 和 9，1 也可以整除 9（為 9 的因數）。請思考什麼是「1 的倍數判別法」。

第 2 章　不被選而選出來的數

●研究問題 2 − X1（烏拉姆螺旋）
畫烏拉姆螺旋吧！用別的數當作螺旋的起始數，會出現其他排列模式嗎？

●研究問題 2 − X2（質數與合數）
請證明若正整數 n 為合數，則 $2^n - 1$ 亦為合數。
※可寫成 $2^n - 1$ 的數字稱為**梅森數**，可寫成 $2^n - 1$ 的質數稱為**梅森質數**。

●研究問題 2 − X3（二次式 $n^2 + n + 41$）
請證明以下推測：對於所有大於 0 的整數 n 而言，二次式 $P(n) = n^2 + n + 41$ 的數值，皆無法以 2、3、5、7 整除。

第 3 章　猜數字魔術與 31 之謎

●研究問題 3－X1（探討排列模式）

請在第 120 頁，以二進位表示數字的一覽表中，圈出連續兩位數都是 1，且其他位數都是 0 的數（例如，01100 及 00110）。這些數有沒有共通的性質呢？另外，請照同樣的方式探討連續三位數都是 1，且其他位數都是 0 的數字。

●研究問題 3－X2（探討排列模式）

請在第 120 頁，以二進位表示數字的一覽表中，將 0 與 1 剛好相反的兩個數，用線連起來（例如，把 01100 及 10011 連起來）。

另外，請把左右相反的數，用線連起來（例如，把 10100 及 00101 連起來）。

這兩種線會形成什麼有趣的圖形呢？

●研究問題 3－X3（二進位）

n 位數的二進位可用來表示 0 至 $2^n - 1$ 的數字。若想用二進位來表示一個「很大的數」，你認為該如何計算需要幾位數呢？例如，要表示 1000 兆，要用到幾位數呢？

第 4 章　數學歸納法

●研究問題 4 – X1（數學歸納法）

請以數學歸納法證明，對於任何正整數 $n = 1, 2, 3 \cdots\cdots$ 以下等式皆會成立。

$$1^3 + 2^3 + 3^3 + \cdots + n^3 = (1 + 2 + 3 + \cdots + n)^2$$

●研究問題 4 – X2（數學歸納法）

請指出以下證明的謬誤。

定理

每個人的年齡皆相等。

證明

「某個有 n 名成員的團體，所有成員的年齡皆相等」，令上述推論為 $Y(n)$。請以數學歸納法證明，對於所有 n 而言，此推論都會成立。

「步驟 A」

「某個有一名成員的團體，所有成員的年齡皆相等」，此推論會成立。因為這個團體只有一名成員，所以 $Y(1)$ 成立。

「步驟 B」

假設 $Y(k)$ 成立，以下推論將證明 $Y(k+1)$ 也成立。
排列有 $k+1$ 名成員的團體的所有成員，如下圖。

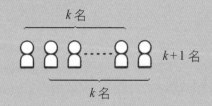

因為 $Y(k)$ 成立，除了最右邊的人，其餘 k 名團體成員的年齡皆相同；同樣，除了最左邊的人，其餘 k 名團體成員的年齡皆相同。由圖可知，$k+1$ 名團體成員的年齡都相同，因此，$Y(k+1)$ 成立。

根據數學歸納法，對於任何 n 而言，$Y(n)$ 皆成立。
（證明結束）

●研究問題 4 - X3（數學歸納法）
請探討以下證明正確與否。

定理
對於任何大於 1 的整數 $n = 1, 2, 3 \cdots$
擁有 n 元的人不算有錢人。

證明
利用數學歸納法證明。

「步驟 A」
擁有 1 元的人不算有錢人。

「步驟 B」
若擁有 n 元的人不算有錢人，則擁有 $n+1$ 元的人也不算有錢人，因為只增加 1 元，不可能讓窮人變成有錢人。
所以根據數學歸納法，對於任何大於 1 的整數 $n = 1, 2, 3$ $\cdots$擁有 n 元的人都不算有錢人。
（證明結束）
提示：若這個證明「存在謬誤」，是哪個地方不正確呢？
若這個證明「正確」，請說明原因。請從這兩個方向探討。

研究問題 4 - X2 參考 Graham, Knuth, Patashnik, *Concrete Mathematics*。

第 5 章 魔術時鐘的製作方法

●研究問題 5－X1（反過來計算）

若給定魔術時鐘要轉出的排列模式，我們可知如何計算所需的按鈕次數。請思考若給定的是按鈕次數，該如何計算轉出來的排列模式。

●研究問題 5－X2（追加時鐘）

若為前述的魔術時鐘問題追加「4 的時鐘」，請說明魔術時鐘的解題方式會有什麼變化。

●研究問題 5－X3（新的魔術時鐘）

請研究由「n 的時鐘」、「$n+1$ 的時鐘」，以及「$n+2$ 的時鐘」組成的魔術時鐘。

●研究問題 5－X4（天干地支）

下表由天干和地支排列組成。

天干	甲　乙　丙　丁　戊　己　庚　辛　壬　癸
地支	子　丑　寅　卯　辰　巳　午　未　申　酉　戌　亥

天干	地支	干支	天干	地支	干支	天干	地支	干支
甲	子	甲子	甲	申	甲申	甲	辰	甲辰
乙	丑	乙丑	乙	酉	乙酉	乙	巳	乙巳
丙	寅	丙寅	丙	戌	丙戌	丙	午	丙午
丁	卯	丁卯	丁	亥	丁亥	丁	未	丁未
戊	辰	戊辰	戊	子	戊子	戊	申	戊申
己	巳	己巳	己	丑	己丑	己	酉	己酉
庚	午	庚午	庚	寅	庚寅	庚	戌	庚戌
辛	未	辛未	辛	卯	辛卯	辛	亥	辛亥
壬	申	壬申	壬	辰	壬辰	壬	子	壬子
癸	酉	癸酉	癸	巳	癸巳	癸	丑	癸丑
甲	戌	甲戌	甲	午	甲午	甲	寅	甲寅
乙	亥	乙亥	乙	未	乙未	乙	卯	乙卯
丙	子	丙子	丙	申	丙申	丙	辰	丙辰
丁	丑	丁丑	丁	酉	丁酉	丁	巳	丁巳
戊	寅	戊寅	戊	戌	戊戌	戊	午	戊午
己	卯	己卯	己	亥	己亥	己	未	己未
庚	辰	庚辰	庚	子	庚子	庚	申	庚申
辛	巳	辛巳	辛	丑	辛丑	辛	酉	辛酉
壬	午	壬午	壬	寅	壬寅	壬	戌	壬戌
癸	未	癸未	癸	卯	癸卯	癸	亥	癸亥

並非所有天干地支的組合都會出現在上表。例如，上表有「甲子」，卻沒有「甲丑」。如何判斷哪些組合才會出現呢？

●研究問題 5－X5（最小公倍數）

自然數 a、b、c 的最小公倍數，是 a、b、c 皆能整除且最小的自然數。

第 196 頁的「我」說：

> 「不過，2、3、5 都是質數吧？
> 三個質數乘起來，就是最小公倍數喔。」

的確，若給定的數皆為質數，將所有數字乘在一起，即能得到最小公倍數。不過，雖然不是所有數皆為質數，最小公倍數也可能是所有數的乘積，例如，給定 3、4、5 三個數，雖然 4 不是質數，但將三者相乘，也可得到最小公倍數。

$$3 \times 4 \times 5 = 60$$

請問在什麼樣的條件下，將所有數相乘，可得到最小公倍數呢？

後記

你好，我是結城浩。

感謝你閱讀《數學女孩秘密筆記：整數篇》。不知你是否喜歡這次的故事呢？

本書重新編寫 cakes 網站的連載「數學女孩秘密筆記」第 11 回至第 20 回。如果你讀完本書，想看更多「數學女孩秘密筆記」的內容，請你一定要光臨這個網站。（cakes.mu/series/339）

《數學女孩秘密筆記》系列以平易近人的數學題目為題材，描述國中生由梨、高中生蒂蒂、米爾迦以及「我」，四人盡情談論數學的故事。

這些角色亦活躍於另一個系列《數學女孩》。這系列是以較深廣的數學題目為題材的青春校園物語，推薦給你！

敬請支持《數學女孩》與《數學女孩秘密筆記》兩系列！

日文原書使用 $\LaTeX\,2_\varepsilon$ 及 AMS Euler 字型排版，參考奧村晴彥老師的《$\LaTeX\,2_\varepsilon$ 美文書編寫入門》，圖則使用 OmniGraffle 軟體。

在此，我要感謝下述各位，以及為本書原稿提供寶貴意見而不願具名的各位。當然，本書若有任何錯誤，皆為我的疏失，並非他們的責任。

淺見悠太、阿式祐輔、五十嵐龍也、
石宇哲也、石本龍太、稻葉一浩、

上原隆平、奧谷佳幸、川上翠、

川嶋稔哉、木村巖、忽那有起、

工藤淳、毛塚和宏、上瀧佳代、

坂口亞希子、高田智文、花田啟明、

林彩、藤田博司、梵天寬鬆（medaka-college）、

前原正英、增田菜美、三宅喜義、

村井建、村岡佑輔、村田賢太（mrkn）、

山口健史。

我還要感謝負責編輯《數學女孩秘密筆記》與《數學女孩》系列的 SoftBank Creative 野澤喜美男總編輯。

感謝 cakes 的加藤真顯先生。

感謝所有支持我寫作本書的人。

感謝我最愛的妻子和兩個兒子。

感謝你閱讀本書到最後。

下一本《數學女孩秘密筆記》，我們再相見吧！

結城　浩

http://www.hyuki.com/girl/

索引

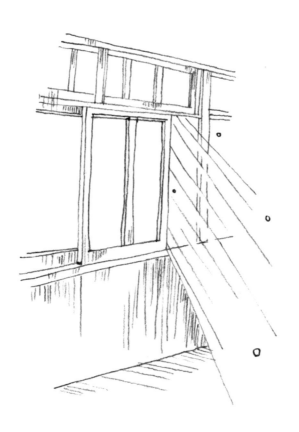

國家圖書館出版品預行編目（CIP）資料

數學女孩秘密筆記. 整數篇 / 結城浩作 ; 陳朕疆譯.
-- 初版. -- 新北市：世茂, 2015.06
面；　公分. --（數學館；23）
ISBN 978-986-5779-79-5（平裝）

1.數學　2.通俗作品

310　　　　　　　　　　　　　104007111

數學館 23

數學女孩秘密筆記：整數篇

作　　　者／結城浩
審 訂 者／洪萬生
譯　　　者／陳朕疆
主　　　編／陳文君
責任編輯／石文穎
出 版 者／世茂出版有限公司
發 行 人／簡泰雄
地　　　址／（231）新北市新店區民生路 19 號 5 樓
電　　　話／（02）2218-3277
傳　　　真／（02）2218-3239（訂書專線）
　　　　　　（02）2218-7539
劃撥帳號／19911841
戶　　　名／世茂出版有限公司　單次郵購總金額未滿 500 元（含），請加 50 元掛號費
世茂官網／www.coolbooks.com.tw
排版製版／辰皓國際出版製作有限公司
印　　　刷／世和彩色印刷股份有限公司
初版一刷／2015 年 6 月
　　三刷／2019 年 4 月

ISBN／978-986-5779-79-5
定　　　價／350 元